"十四五"国家重点研发计划项目：

肥药精准施用部件及智能作业装备创制（2022YFD2001400）资助

农药雾化
分散机制与调控

◎龚艳　陈晓　王果　等　著

中国农业科学技术出版社

图书在版编目（CIP）数据

农药雾化分散机制与调控 / 龚艳等著. --北京：中国农业科学技术出版社，2024.5

ISBN 978-7-5116-6824-0

Ⅰ.①农… Ⅱ.①龚… Ⅲ.①农药施用－研究 Ⅳ.①S48

中国国家版本馆CIP数据核字（2024）第 099443 号

责任编辑　姚　欢
责任校对　王　彦
责任印制　姜义伟　王思文

出 版 者　中国农业科学技术出版社
　　　　　北京市中关村南大街 12 号　　邮编：100081
电　　话　（010）82106631（编辑室）　　（010）82106624（发行部）
　　　　　（010）82109709（读者服务部）
网　　址　https://castp.caas.cn
经 销 者　各地新华书店
印 刷 者　中煤（北京）印务有限公司
开　　本　170 mm × 240 mm　1/16
印　　张　6.5
字　　数　100 千字
版　　次　2024 年 5 月第 1 版　　2024 年 5 月第 1 次印刷
定　　价　68.00 元

《农药雾化分散机制与调控》

》 著作委员会 《

主　任: 龚　艳

副主任: 陈　晓　　王　果　　董晓娅　　胡冠芳

　　　　　李广阔

委　员: 刘德江　　秦敦忠　　牛树君　　白微微

　　　　　曹雄飞　　张　晓　　丁瑞丰　　宋文勇

　　　　　于庆旭　　周晓欣　　卢鑫羽　　王鹏军

前　言　PREFACE

　　长期以来，我国农药受施用技术、农机装备、作业人员等多因素影响，存在使用量大、利用率低等问题，导致农业生产成本增加、农残超标、作物药害和环境污染。农药过量施用的主要原因：一是对不同种植体系农药损失规律和高效利用机理缺乏深入的认识，无法建立农药的精准使用准则；二是农药精准施用关键核心技术及部件缺乏，作业装备智能化程度低，作业质量严重依赖操纵人员经验；三是缺乏针对不同种植体系农药减施增效的技术模式。2021年，农业农村部、国家发展改革委、科技部、自然资源部、生态环境部、国家林草局联合印发《"十四五"全国农业绿色发展规划》，支持创制推广喷杆喷雾机、植保无人机等先进的高效植保机械，提高农药利用率。

　　农药雾化分散是农药剂量传递最重要的过程，农药雾化分散成雾滴后沉积于作物叶面上，这一过程中，雾滴完全暴露于空气中，并且受环境、作物冠层结构、靶标叶面结构等影响，会有一部分雾滴受环境因素影响而蒸发、飘移、流失。

　　本书系统阐述了农药雾化分散机制与调控及其研究应用成果，重点介绍了农药雾化分散和向靶标作物冠层运行、分布沉积及飘移流失的规律。第1章"农药雾化与沉积理论"，包括药液雾化基本原理、雾化形式与性能表征等内容。第2章"农药剂型与界面特性"，包括农药剂型与喷雾助剂对农药界面参数的影响等内容。第3章"液体流变性与流变黏度"，包括不同液体剪切速率、稀释倍数等对流变黏度的影响等内容。第4章"药液雾化粒径与影响因素"，包括不同雾化参数、药剂与助剂对药液粒径影响等内容。第5章"棉花有害生物防控的农药损失规律及高效利用机制"、第6章"马铃薯晚疫病防控农药损失规律及高效利用机制",包括棉花、马铃薯有害生物防控中农药损失规律与高效利用机制。第7章"农药雾化参数影响因素及优化",包括不同雾化方式的影响因素及优化分析。

农药向靶标作物与防治对象的对靶精准施用是一个复杂的雾化分散、传输与沉积过程,涉及农药化学、环境生态、农业机械等多种因素及多学科交叉,目前对许多应用基础理论和技术的研究与认知并不系统,也不深入。限于作者知识水平,敬请读者对书中不足之处不吝指正。

著 者

2024年5月

目 录 CONTENTS

第1章　农药雾化与沉积理论

农药施用技术的本质是药液经喷雾器械的雾化系统雾化成细小粒径的雾滴进行喷洒，使农药均匀分布到作物靶标上。农药的雾化过程是农药运用于田间病虫害防治的第一步，也是关键一步，雾化效果的差异性将决定农药在靶标作物上的沉积性能和病虫害防治效果。

1.1　药液雾化基本原理

药液雾化是液流在外力作用下，药液最终以细小雾滴的形式分散到空气中，形成雾状分散体系的一系列过程。在这过程中，管路中的农药药液经雾化装置，在外力作用下，克服液体表面张力，形成液膜，液膜撕裂变成液丝，液丝裂化形成雾滴（图1-1）。农药雾化主要方式有液力雾化、离心雾化、气力雾化、撞击式雾化、超声雾化及热力式雾化等。目前，常用植保机械所使用的雾化方式以液力雾化、离心雾化为主。

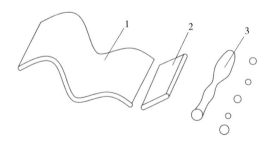

1.药液上层液膜；2.线状药液；3.裂变的线状药液

图1-1　药液雾化形成过程

药液雾化形成的雾滴按照体积或数量从小到大进行排列统计，当到50%时对应的雾滴直径称为雾滴体积中值粒径（VMD）或数量中值粒径（NMD），通常用来表示雾滴尺寸大小。药液雾化过程产生的雾滴尺寸与施药器械性能、所用农药剂型及喷雾助剂的理化特性、选用的雾化部件的特征、喷雾时药液流量控制、作业人员操作技术技能、植株冠层结构及作业现场气候环境等因素密切相关。

1.2 药液雾化形式

目前，用于田间喷雾作业的植保施药装备常用的雾化方式有液力雾化、离心雾化和气力雾化。液力雾化适合喷施水溶性药剂，也是使用最广泛的一种雾化形式；离心雾化利用雾化器高速旋转产生的离心力使药液形成雾滴，其雾滴粒径大小非常均匀；气力雾化利用压缩气体产生的压力作用于药液，再经雾化装置使其雾化分散，也称为气液两相流雾化。

1.2.1 液力雾化

液力雾化指给药液施加一定压力，使药液在压力作用下经雾化装置上的雾化孔而形成细雾滴（图1-2）。在压力作用下，药液具有足够的速度和能量而分散成雾滴。雾化过程如图1-3所示，分为以下阶段，第一阶段，药液在喷嘴下方形成完整液膜，此时液膜状态不稳定，且会在空气扰动下进一步加剧不稳定性；第二段，液膜进一步与空气发生力学作用，在液膜表面形成波纹，并不断延伸，随着波纹振幅不断增大，液膜破裂形成液丝；第三阶段，液丝再与空气发生力学作

图1-2 液力喷头雾化形态

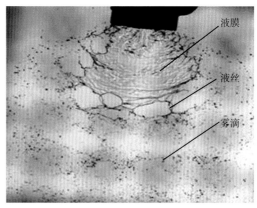

液膜

液丝

雾滴

图1-3 雾化过程液膜形态变化

用，最终分裂成大小各异的雾滴。在液力雾化过程中，空气对液膜的扰动因素起到了决定性因素。

液力雾化过程中，影响雾滴粒径大小的主要因素有喷雾压力、喷头喷孔尺寸。此外，药液的表面张力、黏度等物理特性也会对雾化粒径产生影响。一般来说，随着喷雾压力的增大，雾滴平均粒径减小；喷头喷孔孔径越大，雾滴平均粒径越大。而药液表面张力、黏度越大，雾化后得到雾滴粒径也越大，这些施药技术参数也会直接影响农药在作物上的沉积性能和利用率。液力雾化喷头所形成液膜厚度为0.5 ~ 4 μm，不同喷雾压力下雾滴粒径范围如表1-1所示。

表1-1　不同喷雾压力下液力雾化雾滴粒径范围

压力/MPa	粒径范围/μm
1.5 ~ 2.5	150 ~ 350
2.5 ~ 5	50 ~ 150
5 ~ 10	30 ~ 50
>10	15 ~ 30

液力喷雾是农药施用中最常用的方法，常见的背负式喷雾器、担架式（推车式）动力喷雾机、大田喷杆喷雾机等施药机具都采用液力雾化的原理，其雾滴横向沉积分布呈现正态分布，具有良好的抗飘移特性，雾滴谱分布较广。

1.2.2　离心雾化

离心雾化是指利用圆形齿盘高速旋转产生的离心力，将药液甩出，药液在离心雾化盘边缘形成液膜，药液在脱离齿盘边缘时延伸为液丝，液丝在与空气撞击作用下，进一步裂变成雾滴。雾化盘上均匀分布的带齿边缘可促进雾滴粒径更均匀一致，雾滴谱宽度更窄。法国学者Walton和Prewett于2006年对离心雾化器产生的单个雾滴的粒径，提出了近似理论计算公式：

$$d = k \frac{1}{\omega} \sqrt{\frac{r}{D\rho}} \qquad (1-1)$$

式中：d 为雾滴粒径，μm；k 为常数，通常经验值取 3.67；ω 为雾化盘转动角速度，rad/s；r 为液体表面张力，N/m；D 为雾化盘直径，mm；ρ 为液体密度，

g/cm^3。

与液力雾化效果相比，离心雾化产生的雾滴平均粒径更小，粒径分布更均匀且雾滴大小可控，常用于低容量喷雾、超低容量喷雾和静电喷雾上。离心雾化喷头的结构形式主要有转盘式、转杯式、转刷式、转笼式等，其中又以转盘式应用最为广泛。离心雾化产生的雾滴粒径粗细取决于雾化盘转速和药液流量，当提高雾化盘转速，同时降低药液流量，得到的雾滴越细。离心雾化装置不同转速下产生的雾滴粒径范围如表1-2所示。

表1-2 不同转速下离心雾化雾滴粒径范围

雾化转盘圆周速度/（m/s）	粒径范围/μm
75~125	150~275
125~150	75~150
150~180	30~75
>180	20~30

离心雾化方式如图1-4所示，主要有3种：①直接雾化，当药液流量较低时，药液在离心力作用下，在雾化盘边缘形成半球状，并克服自身表面张力和黏度，裂化成单个雾滴从雾化盘边缘甩；②丝状断裂，在提高雾化盘转速，增大药液流量时，药液在雾化盘边缘会形成不稳定的丝状或带状射流，并随即断裂形成雾滴；③膜状分裂，当继续增大药液流量达到固定值时，液丝之间相连形成液膜，液膜在雾化盘离心力作用下甩出后形成液丝，在与空气撞击作用下，进一步形成雾滴。

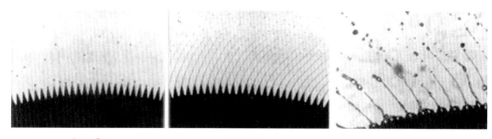

直接雾化　　　　　　　丝状断裂　　　　　　　膜状分裂

图1-4 离心雾化的3种不同方式

离心雾化装置产生的雾滴横向分布呈现马鞍形，其雾滴谱较窄，雾化质量好，较多应用于喷洒杀虫剂或杀菌剂作业中。

1.2.3　气力雾化

气力雾化也称气液两相流雾化，一般通过双流体喷嘴实现，如图1-5所示，药液和压缩气体进入到双流体喷嘴内部后，在喷嘴内部进行能量交换，液相状态的药液受气相状态的空气剪切撞击，形成液膜及较大粒径的液滴，气液两相在流经喷嘴后，压缩的气体瞬间膨胀，药液出口处的高速气流将液膜和较大液滴撕裂成液丝，药液在气流及喷嘴内部结构作用下继续破裂形成细小雾滴。

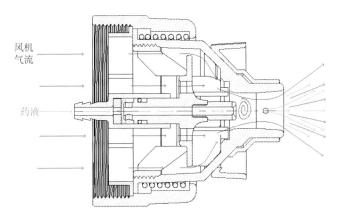

风机气流

药液

图1-5　双流体喷嘴内部结构及气液两相雾化示意

气力雾化产生的雾滴粒径细而均匀。不同气液比条件下产生的雾滴粒径范围如表1-3所示。

表1-3　不同气液比下气力雾化雾滴粒径范围

空气：液体（质量比）	粒径范围/μm
（0.5：1）~（1.5：1）	50~200
（1.5：1）~（2.5：1）	30~50
（2.5：1）~（5：1）	20~30
>5：1	5~20

与传统的压力雾化相比，气力雾化适用性更广，对低黏度和高黏度药液均有良好雾化效果，雾滴粒径较小，且通过调节气液比值可以调控粒径大小。常用的

喷雾喷粉机就是采用气力雾化来实现，此外，在工业领域也有广泛用途，如喷涂印刷、工业除尘、生物薄膜制备等方面。

1.3 农药雾化性能表征

农药雾化过程中产生的雾滴群的大小分散度用以表征农药的雾化分散程度，即一定体积药液经过特定的雾化方式雾化后产生的雾滴数量。一般用以表征药物雾化体系性能的主要参数有雾滴粒径、雾滴粒径分布、雾滴速度、喷雾锥角、扇面均匀度。

1.3.1 雾滴粒径

雾滴粒径是农药喷雾技术中最重要的一个参数，也是最容易调控的一项，用以评价农药雾化分散程度及不同类型喷嘴雾化性能的指标。通常以若干具有足够代表性的雾滴的平均直径或中径来表示，常用单位为μm。实际使用中，雾滴粒径的常用表征物理量有数量中径（NMD）、体积中径（VMD）、索特平均直径（SMD），下文将分别介绍该3种表征雾滴粒径的物理量。

1.3.1.1 数量中径（number median diameter，NMD）

在一次喷雾样本中，将采样的雾滴数量按照雾滴大小顺序累积，当累积到雾滴数量为取样雾滴数量的50%时，所对应的雾滴直径称为雾滴数量中径，其计算公式为：

$$\text{NMD} = \frac{\sum D_i N_i}{\sum N_i} \tag{1-2}$$

式中：D_i为某一粒径区间内单个雾滴粒径；N_i为某一粒径区间内的雾滴数量，下同。

1.3.1.2 体积中径（volume median diameter，VMD）

在一次喷雾样本中，将采用的雾滴体积按照雾滴大小顺序累计，当累积到雾滴体积为取样雾滴体积总和的50%时，所对应的雾滴直径称为雾滴体积中径，其计算公式为：

$$VMD = \sqrt[3]{\frac{\sum D_i^3 N_i}{\sum N_i}} \qquad (1-3)$$

一般将雾滴按照体积中径从小到大的顺序，分成气雾滴、弥雾滴、细雾滴、中等雾滴和粗雾滴5类，其分类及应用场景如表1-4所示。

表1-4　雾滴体积中径、类型及应用场景

VMD/μm	雾滴类型	应用场景
<50	气雾滴	超低量喷雾
50～100	弥雾滴	超低量喷雾
101～200	细雾滴	低容量喷雾
201～400	中等雾滴	常规喷雾（高容量）
>400	粗雾滴	常规喷雾（高容量）

体积中径相比于数量中径，能更精确表征绝大部分雾滴的粒径分布范围，因此体积中径更常用来表征雾滴的粒径大小和分布状况。

1.3.1.3　索特平均直径（sarter median diameter，SMD）

在一次喷雾样本中，当某一直径雾滴体积与表面积之比值等于所有雾滴体积与表面积的比值，则称此雾滴粒径为索特平均直径，其计算公式为：

$$SMD = \frac{\sum D_i^3 N_i}{\sum D_i^2 N_i} \qquad (1-4)$$

1.3.2　雾滴粒径分布

雾滴粒径分布也称为雾滴粒谱，用以表征雾化产生的雾滴群的粒径范围及分布状况，通常以统计学中的分布曲线形式表现，如图1-6所示，图中横坐标表示雾滴粒径（Size），左侧纵坐标为各粒径范围雾滴的累计体积百分比（Cum），右侧纵坐标为单个粒径雾滴体积所占百分比（Diff），雾滴累计体积分布为50%时，对应雾滴粒径横坐标值则为雾滴体积中径值。

雾滴分布的集中或分散状况称为雾滴均匀度（DR），用数量中径（NMD）

与体积中径（VMD）比值表示。雾滴均匀度是衡量雾化装备性能好坏重要指标，当DR值越接近1，表示雾滴粒径分布越均匀，雾化性能越好；当DR<0.67时，雾滴粒径均匀性较差，实践表明，当DR>0.67时，表明喷雾器械雾化质量较好。反映到雾滴粒径分布图中，雾滴粒径分布曲线越窄，说明雾滴粒径的分布越均匀，雾滴谱越窄，能发挥最佳生物效果的有效雾滴越多；反之，则说明雾滴粒径分布越不均匀，雾滴谱越宽，有效雾滴数量越少。

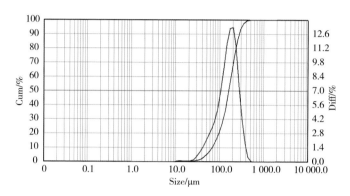

图1-6　雾滴粒径分布曲线

1.3.3　雾滴速度

雾滴速度分布影响着雾滴在作物靶标上的沉积性能及雾滴在冠层内的穿透性，从而影响了施药机具的喷雾效果。现有研究表明，不同初速度的雾滴在空气中传递运动时，会受到不同大小和方向曳力的作用，再叠加雾滴自身重力和惯性力作用，使雾滴在空中传递运动时呈现不同形态的运动轨迹。当雾滴离开喷雾装置获得的初速度越大，其抵抗自然风的能力越强，雾滴具有更好的防飘效果。

雾滴速度场测定最早通过热线热膜流速计（hot wire & film anemometer，HWFA）测定技术来实现，至今已有100多年；随着20世纪60年代多普勒激光测速仪（laser doppler velocimeter，LDV）的发明和使用，人们实现对速度场无接触测量，可有效减少对流场的干扰影响，但这两种测量技术都属于单点测量。

近十余年发展起来的速度场全场测速技术已得到广泛应用，属于非接触式测量，较单点测量技术，全场测量可大大提高速度测定的精确度，其中以粒子图像测试技术（particle image velocimeter，PIV）发展最成熟，应用最广泛，已成为雾滴测速的标准方法。

PIV技术是运用激光照射测试速度场切面区域，如图1-7所示，通过高速成像系统记录拍摄雾滴粒子运动图像，形成PIV底片；在利用粒子图像处理方法逐个处理PIV底片，获得测试流场中雾滴粒子的位移轨迹，由此测算流场切面上雾滴的二维速度。

激光探照灯

高速成像系统

雾滴运动轨迹捕捉

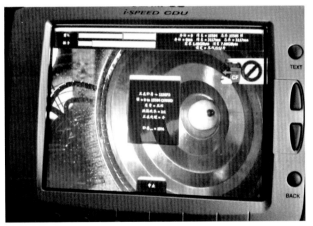
PIV底片

图1-7　PIV雾滴测速试验

1.3.4　喷雾锥角

常用的压力式喷嘴有一定的喷雾锥角，其相对喷嘴轴线呈现对称分布。喷雾锥角如图1-8所示，分为实际喷雾锥角和理论喷雾锥角，药液雾化从喷嘴空喷出后，雾滴在自身重力影响下，偏离理论喷雾锥角的边界，作自由落体运动，使雾滴实际覆盖面积小于理论雾滴覆盖面积。

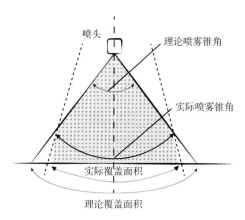

图1-8 理论喷雾锥角与实际喷雾锥角示意

研究表明，在一定的喷雾压力下，喷雾锥角越小，雾滴的贯穿距离越大；喷雾锥角越大，雾滴贯穿距离越小。

1.3.5 扇面均匀度

目前应用最多最广泛的喷嘴为扇形喷嘴，其大量运用于大型喷杆喷雾机、植保无人机等施药装备上。在喷嘴的雾化扇面内，距离喷嘴中心不同位置处的雾滴粒径大小均匀性也成为扇面均匀度，是表征喷嘴雾量分布均匀性的一项指标，也是对雾滴分布均匀度的补充表征。

在对不同喷雾介质喷雾扇面均匀度测试如图1-9所示，试验地点位于丹东百特仪器有限公司粒径实验室，选用了德国Lechler公司生产的ST11001、ST110015、ST11002三种型号标准扇形雾喷嘴，粒径测试仪器设备为Bettersize2000S激光粒度仪（丹东百特仪器有限公司），试验条件及参数如表1-5所示。

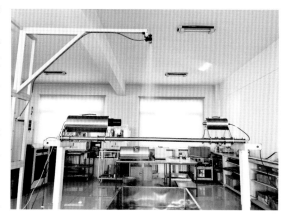

图1-9 喷雾扇面均匀度试验

表1-5　喷雾扇面均匀度试验条件及参数

试验条件	试验参数		
喷嘴型号	ST11001	ST110015	ST11002
喷雾压力/MPa	0.3	0.3	0.3
喷雾高度/m	0.5	1.0	1.5
喷雾介质	清水	倍达通水溶液（100倍稀释）	

喷雾扇形内不同高度雾滴粒径分布及平均粒径、粒径变异系数如图1-10及表1-6所示。

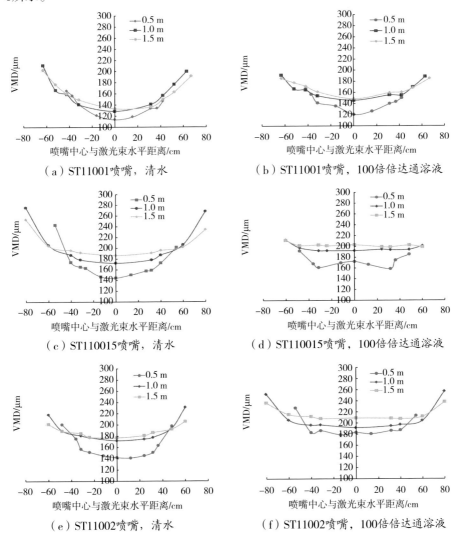

（a）ST11001喷嘴，清水　（b）ST11001喷嘴，100倍倍达通溶液

（c）ST110015喷嘴，清水　（d）ST110015喷嘴，100倍倍达通溶液

（e）ST11002喷嘴，清水　（f）ST11002喷嘴，100倍倍达通溶液

图1-10　3种型号扇形喷嘴扇面各点雾滴粒径

表1-6　3种型号扇形喷嘴各喷雾高度上平均粒径及变异系数

喷雾高度/m	参数	ST11001		ST110015		ST11002	
		清水	倍达通溶液	清水	倍达通溶液	清水	倍达通溶液
0.5	平均粒径/μm	136.91	142.80	161.58	172.79	170.69	192.70
	变异系数	0.12	0.09	0.13	0.06	0.16	0.08
1	平均粒径/μm	164.86	166.09	191.38	197.59	206.97	211.69
	变异系数	0.16	0.09	0.10	0.03	0.18	0.11
1.5	平均粒径/μm	162.80	168.96	188.97	202.92	206.43	217.17
	变异系数	0.14	0.07	0.05	0.02	0.10	0.05

　　试验结果表明，喷雾扇面同一水平高度上，雾滴粒径大小呈"U"形分布，距离喷嘴中心越近，雾滴粒径越小；距离喷嘴中心越远，雾滴粒径越大，且中心线两侧雾滴粒径呈现明显的对称分布形态。从图中曲线可以看出，与清水作为喷雾介质相比，稀释100倍的倍达通溶液粒径分布"U"形曲线更平缓，表1-6中平均粒径及变异系数表明，清水中添加倍达通助剂后，各喷雾高度上雾滴平均粒径明显增大，同时粒径变异系数显著降低，倍达通助剂可有效增大喷雾扇面内同一高度上雾滴粒径，同时改善雾滴粒径分布的均匀性。

第2章

农药剂型与界面特性

农药在剂量传递过程中涉及了至少3个分散体系，如图2-1所示，即农药制剂体系、药液体系、雾化分散体系。农药原药生产出来后，一般都不能直接使用，需要进一步加工形成一定的剂型，即农药制剂，农药从原药到制剂的过程可看作是农药对靶剂量传递的第一过程，及农药制剂体系，这一过程剂量传递效率可高达95%以上；目前约有80%的农药为兑水稀释后使用的剂型，农药从制剂到药液的过程可以看作是农药对靶剂量传递的第二过程，即药液体系，这一过程中农药有效成分分散状态可能发生变化，从而影响到农药对靶沉积性能和剂量传递效率；农药药液从施药装备中喷出形成雾滴进入空气中为农药对靶剂量传递第三过程，即雾化分散体系，该过程也是农药剂量传递最重要的过程，农药雾化分散成雾滴后，沉积于作物叶面上，这一过程中，雾滴完全暴露于空气中，并且受环境、作物冠层结构、靶标叶面结构等影响，传递效率不足40%，会有一部分雾滴因受环境因素影响而蒸发、飘移、流失。

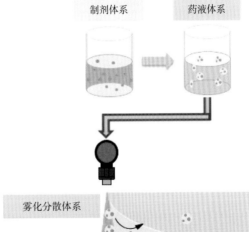

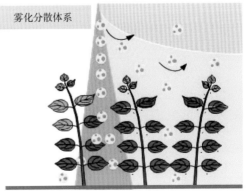

图2-1　农药剂量传递3个分散体系

2.1　农药剂型分类与喷雾助剂

2.1.1　传统农药剂型

传统农药制剂体系主要有溶液制剂、乳液状制剂、悬浮液制剂、粉体制剂、颗粒状制剂，这5种传统制剂体系下不同剂型配方组成、形成与稳定机制如表2-1所示。

表2-1　传统农药剂型配方、形成与稳定机制

制剂体系	剂型	配方组成	形成与稳定机制
溶液制剂	乳油（EC）	农药有效成分、有机溶剂、乳化剂	分子形式
	可溶液剂（SL）	农药有效成分、分散介质、乳化剂、分散剂	分子或离子
	油剂（OL）	农药有效成分、溶剂、表面活性剂	分子形式
乳液状制剂	水乳剂（EW）	农药有效成分、有机溶剂、乳化剂、抗冻剂、消泡剂、pH调节剂、增稠剂	高剪切乳化法、高压均质法、超声波乳化法
	微乳剂（ME）	农药有效成分、有机溶剂、表面活性剂、助表面活性剂、水	瞬时负界面张力、增溶理论
悬浮液制剂	悬浮剂（SC）	农药有效成分、润湿剂、分散剂、增稠剂、稳定剂、pH调节剂、防冻剂、消泡剂	奥氏熟化、静电排斥、空间位阻
	可分散油悬浮剂（OD）	原药、分散剂、乳化剂、增稠剂、分散介质	奥氏熟化、静电排斥、空间位阻
	油悬浮剂（OF）	有效成分、乳化剂、分散剂、增稠剂、分散介质	奥氏熟化、静电排斥、空间位阻
粉体制剂	粉剂（DP）	有效成分、填料、少量助剂	多次混合、粉碎
	可湿性粉剂（WP）	原药、润湿剂、分散剂、填料	机械粉碎（挤压、冲击、剪切、摩擦）
颗粒状制剂	颗粒（GR）	原药、载体、黏结剂、分散剂、吸附剂、溶剂	包衣法、吸附法、挤出法
	水分散剂（WG）	分散剂、润湿剂、崩解剂、填料	粉碎

2.1.2　喷雾助剂

喷雾助剂也称为桶混助剂，在施药作业前，直接添加到药箱内和药液均匀混合后使用。喷雾助剂根据其有效成分可分为表面活性剂类、有机硅类、植物油类、矿物油类等，其自身不具有生物活性，通过和药液结合后，改变药液的表面张力、接触角、黏度等界面特性参数从而影响药液雾化特性，达到降低雾滴飘移、增大药液在叶面的铺展面积、延缓药液蒸发时间等效果。

2.2　喷雾助剂对水稻病虫害防控场景农药界面参数的影响研究

2.2.1　试验目的

研究针对水稻典型有害生物防控场景的常用农药（25%吡蚜酮SC、5%阿维菌素SC、40%氟环唑SC、12.5%苯醚甲环唑SC）与增效助剂（润湿助剂408、NT；抗蒸发助剂TMY643、SY505），进行不同稀释倍数下药剂的润湿时间、铺展面积、表面张力、接触角及蒸发时间等界面参数的测定，并在添加润湿助剂和抗蒸发助剂后，对不同稀释倍数的25%吡蚜酮SC药剂的接触角与蒸发时间的影响。试验在江苏擎宇化工科技有限公司恒温实验室进行，所用仪器设备材料有接触角分析仪（SL200B）、静态表面张力仪（A10Plus），如图2-2、图2-3所示。所用试验材料有坐标纸（用于药液铺展面积试验），棉麻布（用于润湿试验）。

图2-2　接触角分析仪

图2-3　静态表面张力仪

2.2.2　试验方案

测定上述4种药剂不同稀释倍数下润湿时间、铺展面积、接触角、静态表面张力等界面参数；润湿助剂、抗蒸发助剂对不同稀释倍数的25%吡蚜酮SC药剂的接触角及蒸发时间的变化影响，试验过程如图2-4至图2-7所示。

2.2.2.1　润湿试验

在纸杯中接取足量稀释过的农药药液，放入一片棉麻布，同时立即开始计时，待测试棉布被完全润湿沉入杯底时，停止计时，记录经过的时间，即为该浓度药剂的润湿时间。

2.2.2.2　铺展面积试验

用针管吸取20 μL稀释过的农药药液，滴到坐标纸上，待药液完全铺展并蒸发后，读取铺展后液滴痕迹所占的面积。

2.2.2.3　接触角试验

打开接触角分析仪测试软件，用滤纸轻拭玻璃片表面蜡质层直至图像中玻璃片表面呈现光滑无明显毛刺，调节测试台螺母使玻璃片与水平基准线重合。将吸取足量药液的进样器固定到仪器上，旋转分度尺旋钮2圈，滴出20 μL液滴；旋转纵向升降螺母，将针头向下移动，测试画面中液滴与玻璃片接触时，迅速反向旋转升降螺母，使针头上升脱离液滴，直至从测试画面中消失；完成液滴转移后，在操作软件界面上立即选择测试按钮，开始测试，测试完成后，在软件中通过人工修正操作，调整左右切线至与液滴弧面相切，并将误差值调整至最小，读取此时左右接触角的平均值。

2.2.2.4　静态表面张力试验

将做完空白值测试的铂金板清洗干净后，在酒精灯上灼烧至通红，冷却后挂上挂钩。在表面皿中倒入足量待测的药液放置于升降台上，在操作软件中点击"台面上升"，使液面上升至距离铂金片1 ~ 2 cm时，停止上升，将原有测试数据清零，点击测试，待软件中图谱跑至100 s时，记录表面张力数值，并点击"停止测试"。

2.2.2.5　蒸发试验

在接触角分析仪上，参照接触角试验方法，滴出20 μL液滴，旋转分析仪纵向升降螺母，将针头向下移动，直至在软件图像界面中能完整呈现液滴形态，并开始计时，待图像中液滴消失时，记下所经过时间。

图2-4　润湿试验

图2-5　铺展面积试验

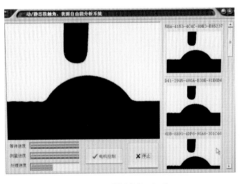

图2-6　接触角试验

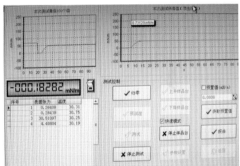

图2-7　静态表面张力试验

2.2.3　试验结果

上述4种药剂分别按照表2-2中飞防植保作业稀释倍数、大田植保作业稀释倍数进行界面参数测试。试验温度为26℃，空气相对湿度为52%，其润湿时间、铺展面积、接触角及动态表面张力试验结果如表2-3所示。

表2-2 飞防植保作业与大田植保作业药剂稀释倍数

药剂	稀释倍数	
	飞防	大田
25%吡蚜酮SC	33.3	1 000
5%阿维菌素SC	100	3 000
40%氟环唑SC	66.7	2 000
12.5%苯醚甲环唑SC	40	1 200

表2-3 不同稀释倍数药液的界面参数

药剂	稀释倍数	界面参数			
		润湿时间/h	铺展面积/cm²	接触角/°	静态表面张力/(mN/m)
25%吡蚜酮SC	大田1 000	>1 h,不润湿	0.30	62.87	44.20
	飞防33.3	>1 h,不润湿	0.35	56.53	30.57
5%阿维菌素SC	大田3 000	>1 h,不润湿	0.28	97.34	48.59
	飞防100	>1 h,不润湿	0.40	70.07	37.17
40%氟环唑SC	大田2 000	>1 h,不润湿	0.30	86.86	47.33
	飞防66.7	>1 h,不润湿	0.30	66.28	33.62
12.5%苯醚甲环唑SC	大田1 200	>1 h,不润湿	0.65	59.91	35.65
	飞防40	>1 h,部分润湿	0.70	51.75	35.79

将25%吡蚜酮SC药剂分别按大田植保作业稀释倍数1 000倍及飞防植保作业稀释倍数33.3倍配制成药液,加入润湿助剂408、NT及抗蒸发助剂TMY643、SY505,混合成含助剂的药液,并按照上述试验方法进行接触角测定及蒸发时间测定。其试验结果如表2-4、表2-5所示。

表2-3至表2-5中数据表明,该4种药剂在两种施药场景的稀释倍数下对棉布的润湿效果不明显,在超过1 h观测时间内,未见明显润湿;同种药剂,稀释倍数越小,即浓度越大时,其铺展面积越大,同时接触角及表面张力值越小。

表2-4 添加润湿助剂对25%吡蚜酮SC药液接触角影响

稀释倍数	接触角/°				
	无助剂	408助剂		NT助剂	
		1 000倍	3 000倍	1 000倍	3 000倍
33.3	56.53	28.89	48.26	57.16	59.69
1 000	62.87	11.08	31.82	67.76	75.7

表2-5 添加抗蒸发助剂对25%吡蚜酮SC药液蒸发时间影响

25%吡蚜酮SC稀释倍数	蒸发时间				
	无助剂	SYS505助剂		TMY643助剂	
		1 000倍	3 000倍	1 000倍	3 000倍
33.3	20′58″	22′24″	18′51″	23′00″	11′36″
1 000	20′15″	21′11″	21′42″	22′36″	29′58″

添加408润湿助剂后，能明显减小吡蚜酮药液的接触角，改善药液的铺展性；添加NT润湿助剂后，对药液的接触角无减小作用，接触角反而出现不同程度的增大，该助剂对改善药液铺展性无明显效果；同一稀释倍数的药液，助剂浓度越高，其液滴接触角越小，助剂对液滴铺展性的影响越明显。

添加抗蒸发助剂后，与药剂原液相比，蒸发时间有所延长，最长蒸发时间延长了约10 min，其余延长1～2 min，助剂对延缓药液蒸发具有一定效果。

在浓度较高的吡蚜酮药液中，抗蒸发助剂浓度越高，液滴蒸发所需时间越长；而在浓度较低的吡蚜酮药液中，抗蒸发助剂浓度越低，则液滴蒸发所需时间越长。

2.3 喷雾助剂对棉花蚜虫防控场景农药界面参数的影响研究

2.3.1 试验目的

研究针对新疆棉花中后期蚜虫防控场景的常用农药（22%氟啶虫胺腈SC、21%噻虫嗪SC）与喷雾助剂（ND600、ND800、倍达通、4026、N380、G2801、

G1801），模拟多旋翼植保无人机飞防作业及大田自走式喷杆喷雾机作业场景，测定不同配比浓度药液及其添加喷雾助剂前后的静态表面张力、动态表面张力、接触角等界面参数。试验在江苏擎宇化工科技有限公司恒温实验室进行，所用仪器设备及材料有接触角分析仪（SL200B）、静态表面张力仪（A10Plus）、动态表面张力仪（Sigma 700）（图2-8）。

图2-8　动态表面张力仪

2.3.2　试验方案与结果

2.3.2.1　不同浓度喷雾助剂动态表面张力研究

将不同类型喷雾助剂按照多旋翼植保无人机飞防场景和大田自走式喷杆喷雾机施药场景要求浓度配制助剂水溶液，对助剂溶液进行动态表面张力的测定。助剂溶液参数如表2-6所示。

表2-6　不同施药场景下喷雾助剂溶液配制浓度

作业场景	浓度/%						
	N380	ND600	ND800	G2801	G1801	4026	倍达通
植保无人机	0.2	1.0	1.0	1.0	—	—	2.0
喷杆喷雾机	0.03	0.1	0.1	—	0.33	0.3	—

喷雾助剂水溶液的动态表面张力变化曲线如图2-9、图2-10所示。

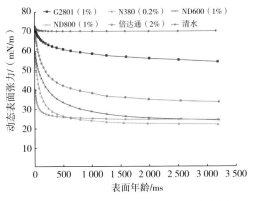

图2-9　基于植保无人机飞防作业的助剂
　　　　水溶液动态表面张力

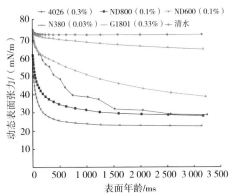

图2-10　基于自走式喷杆喷雾机作业的
　　　　助剂水溶液动态表面张力

图2-9、图2-10中曲线表明：喷雾助剂水溶液动态表面张力与清水相比降低明显，对药液的铺展性具有较大的提升作用；且添加助剂后，动态表面张力曲线呈现较为明显的由高到低渐变走势，由此可见，喷雾助剂对改变药液界面参数特性具有显著作用。

2.3.2.2　基于飞防作业的药液界面参数

基于棉花蚜虫的无人植保机防治作业场景，将22%氟啶虫胺腈SC按照5 g/亩、7 g/亩、9 g/亩的施药量；21%噻虫嗪SC按照2.5 g/亩、3.5 g/亩、4.5 g/亩的施药量浓度分别配制成药液，并在配制的药液中按照实际喷雾要求，加入一定浓度的上述喷雾助剂，形成飞防喷雾药液。试验温度26～28℃，湿度50%，测得静态表面张力和接触角如表2-7、表2-8所示，动态表面张力曲线图如图2-11、图2-12所示。

表2-7　基于飞防作业的22%氟啶虫胺腈SC添加不同助剂的界面参数

施药量	助剂类型	静态表面张力/（mN/m）	接触角/°
5 g/亩	无	39.04	64.76
7 g/亩		37.90	66.36
9 g/亩		35.56	68.46
5 g/亩	ND600（1%）	20.92	<10
7 g/亩		21.11	<10
9 g/亩		21.16	<10

（续表）

施药量	助剂类型	静态表面张力/（mN/m）	接触角/°
5 g/亩		24.25	20.13
7 g/亩	ND800（1%）	24.27	22.54
9 g/亩		24.39	23.85
5 g/亩		29.33	34.76
7 g/亩	倍达通（2%）	29.00	36.55
9 g/亩		29.15	38.22
5 g/亩		32.56	58.67
7 g/亩	G2801（1%）	32.36	60.22
9 g/亩		31.67	61.89
5 g/亩		21.12	<10
7 g/亩	N380（0.2%）	21.13	<10
9 g/亩		21.19	<10

表2-8 基于飞防作业的21%噻虫嗪SC添加不同助剂的界面参数

施药量	助剂类型	静态表面张力/（mN/m）	接触角/°
2.5 g/亩		42.35	96.18
3.5 g/亩	无	42.04	90.01
4.5 g/亩		40.21	82.24
2.5 g/亩		20.33	<10
3.5 g/亩	N380（0.2%）	21.04	<10
4.5 g/亩		20.96	<10
2.5 g/亩		20.7	<10
3.5 g/亩	ND600（1%）	20.6	<10
4.5 g/亩		20.78	<10
2.5 g/亩		24.23	26.69
3.5 g/亩	ND800（1%）	24.20	24.50
4.5 g/亩		23.80	21.87
2.5 g/亩		30.31	55.57
3.5 g/亩	G2801（1%）	29.64	51.23
4.5 g/亩		29.60	50.88

（续表）

施药量	助剂类型	静态表面张力/（mN/m）	接触角/°
2.5 g/亩		26.59	35.54
3.5 g/亩	倍达通（2%）	29.13	31.71
4.5 g/亩		28.33	27.84

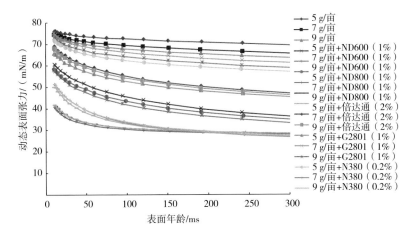

图 2-11　基于飞防作业的 22% 氟啶虫胺腈 SC 添加不同助剂动态表面张力

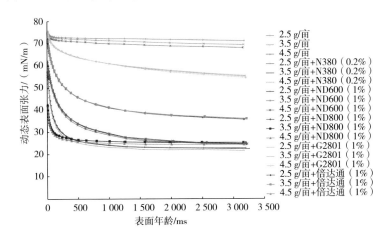

图 2-12　基于飞防作业的 21% 噻虫嗪 SC 添加不同助剂的动态表面张力

表 2-7、表 2-8 试验数据表明：药液浓度越大，静态表面张力越小，接触角也越小，雾滴沉积在作物上润湿效果越好，铺展性能越佳；在飞防药液的配比中，添加 ND600 与 N380 助剂后，对药液静态表面张力与接触角的改变较大，即该两种助剂可明显提升药液的在叶面上的润湿和铺展效果，而添加 G2801 助剂后，对

静态表面张力与接触角的改变较小，即该助剂对药液在叶面上的润湿铺展效果提升不明显。

图2-11、图2-12对比添加助剂前后的动态表面张力曲线结果表明：未添加助剂时药液的动态表面张力数值随着时间的变化趋势较为平缓，而添加助剂后呈现较为明显下降趋势，特别是在添加N380和ND600后，动态表面张力下降趋势较为显著，添加这两种助剂能较显著影响液体动态特性，可有效提升润湿及铺展效果。

2.3.2.3 基于喷杆喷雾机作业的药液界面参数

基于棉花蚜虫的自走式喷杆喷雾机防治作业场景，将22%氟啶虫胺腈SC按照10 g/亩的施药量；21%噻虫嗪SC按照5 g/亩的施药量浓度分别配制成药液，并在配制的药液中按照实际喷雾要求，加入一定浓度的2.3.1节中所述的喷雾助剂，形成大田植保作业喷雾药液。试验温度26℃，湿度50%，测得静态表面张力和接触角如表2-9、表2-10所示，动态表面张力曲线图如图2-13、图2-14所示。

表2-9　基于喷杆喷雾机作业的22%氟啶虫胺腈SC添加不同助剂的界面参数

施药量	助剂类型	静态表面张力/（mN/m）	接触角/°
10 g/亩	无	42.8	73.62
	4026（0.3%）	20.09	<10
	N380（0.03%）	21.57	11.98
	ND600（0.1%）	22.65	30.67
	ND800（0.1%）	24.52	31.56
	G1801（0.33%）	35.69	63.97

表2-10　基于喷杆喷雾机作业的21%噻虫嗪SC添加不同助剂的界面参数

施药量	助剂类型	静态表面张力/（mN/m）	接触角/°
5 g/亩	无	37.09	81.11
	4026（0.3%）	20.09	<10
	N380（0.03%）	21.74	18.38
	ND600（0.1%）	22.46	18.16
	ND800（0.1%）	24.48	19.06
	G1801（0.33%）	33.64	36.29

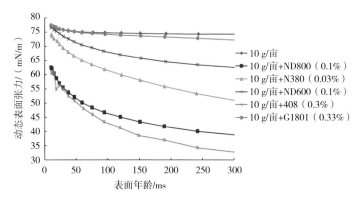

图2-13　基于喷杆喷雾机作业的22%氟啶虫胺腈SC添加不同助剂的动态表面张力

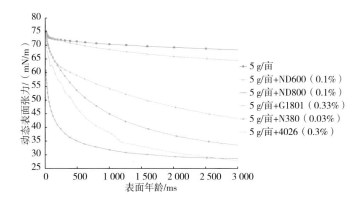

图2-14　基于喷杆喷雾机作业的21%噻虫嗪SC添加不同助剂的动态表面张力

　　表2-9、表2-10及图2-13、图2-14中试验数据表明：在基于喷杆喷雾机施药场景的施药量配比中，添加喷雾助剂后，对药液静态表面张力和接触角均有较为明显的减小作用，其中4026润湿助剂对氟啶虫胺腈SC和噻虫嗪SC药液的静态表面张力与接触角减小作用最大，对药液在作物叶片表面的铺展性与润湿性的改善能力更强。动态表面张力曲线表明：添加4026助剂对降低药液动态表面张力的影响也最为显著，与前述静态表面张力及接触角参数变化趋势呈现对应一致性。

　　表2-7至表2-10中静态表面张力数据显示：无助剂条件下，不同施药量配制的药液静态表面张力值存在较明显差异性；而当其中加入相同浓度的喷雾助剂后，静态表面张力值下降且呈现较为显著的同一性，由此可见，此时药液的静态表面张力值受所添加的助剂成分及配比浓度影响，而药液自身浓度对静态表面张力的影响较小。

第3章   液体流变性与流变黏度

流变特性是物体在外力作用下发生的应变与其应力之间的定量关系。这种应变（流动或变形）与物体的性质和内部结构有关，也与物体内部质点之间相对运动状态有关。如胶体体系的流变特性不仅是单个粒子性质的反映，而且也是粒子与粒子之间，以及粒子与溶剂之间相互作用的结果。因此不同的物质具有不同的流变特性。用来表示流体的剪切应力与剪切速率之间的变异关系的图形则称为流变曲线，根据流变曲线的不同类型，可以将流体分为牛顿流体和非牛顿流体。

3.1   牛顿流体

流变曲线上任一点剪切应力和剪切速率都呈线性函数关系的流体，称为牛顿流体。如图3-1所示，由牛顿于1687年通过剪切流动实验得出，在上下两块无限长度的平行平板间充满了黏性液体，平板间距为d，下板固定不动，上板以速度u匀速平移。由于板上流体随平板一起运动，因此附在上板的流体速度为u，而附在下板的流体速度为零，上下两板之间流体的速度分布$u(y)$满足线性规律，作用在上板的力与板的面积、运动速度成正比，与间距d成反比。由此得出：

$$\tau = \mu \frac{du}{dy} \tag{3-1}$$

式中：τ为剪切应力；$\dfrac{du}{dy}$为剪切速率；μ为流体黏度。对于牛顿流体，在一定温度下，μ为定值。自然界中许多流体是牛顿流体。例如，水、酒精等大多数纯液体、轻质油、低分子化合物溶液以及低速流动的气体等均为牛顿流体；高分子聚合物的浓溶液和悬浮液等一般为非牛顿流体。

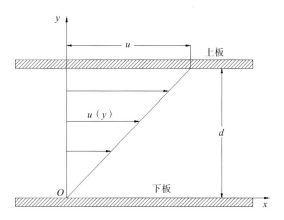

图3-1　牛顿流体运动示意

3.2　非牛顿流体

剪切速率 $\dfrac{du}{dy}$ 与剪切应力 τ 间不满足线性关系的流体称为非牛顿流体，即非牛顿流体的黏度 μ 为非定值。非牛顿流体可分为非时间依赖性流体和时间依赖性流体两类。其中，非时间依赖性流体包括塑性流体、假塑体、胀流体；其剪切速率与剪切应力关系曲线如图3-2所示；时间依赖性流体包括触变性流体、震凝性流体。

3.2.1　非时间依赖性流体

3.2.1.1　塑性流体

当剪切应力 τ 小于某一数值时，液体不流动，剪切应力需超过临界值后，液体才开始流动，当塑性流体开始流动后，其剪切应力 τ 和剪切速率 $\dfrac{du}{dy}$ 之间满足牛顿流体的线性关系。因此，塑性流体的运动公式为：

$$\tau - \tau_0 = \mu_{PL} \frac{du}{dy} \tag{3-2}$$

式中：τ_0 为塑性流体开始流动的临界剪切应力，也称屈服值；μ_{PL} 为塑性黏度。

许多较浓的分散体系，如牙膏、油漆、钻井泥浆等都属于塑性流体。这些体系内的质点之间形成结构，切应力超过一定值后，结构破坏，体系才开始流动。

有些体系也有屈伏值，但在切应力超过屈伏值后，剪切应力与剪切速率之间不再呈线性关系，称为广义塑性流体。

3.2.1.2 假塑体

与塑性流体不同，假塑体无临界剪切应力，但其剪切应力与剪切速率之比（表观黏度）随剪切速率的增加而下降。此类流体的流动行为可用指数函数型式表示：

$$\tau = K\left(\frac{du}{dy}\right)^n \quad (0<n<1) \tag{3-3}$$

式中：K 为常数。

最常见的假塑体是大分子溶液。随着切变速度的增加，溶液中不对称质点沿流线定向的程度提高，表观黏度也因而下降。

3.2.1.3 胀流体

胀流体无临界剪切应力，但与假塑体相反，其表观黏度随切变速度之增加而升高，其流动行为用指数函数型式可表示为：

$$\tau = K\left(\frac{du}{dy}\right)^n \quad (n>1) \tag{3-4}$$

非时间依赖性流体曲线如图 3-2 所示。

3.2.2 时间依赖性流体

有些流体的黏度不仅与剪切速度大小有关，而且与流体自身受到剪切作用的时间长短有关，这些流体被称为时间依赖性流体。此种流体又可分为：触变性流体（thixotropy fluid）、震凝性流体（rheopexy fluid）两类体系。前者维持流体以恒定剪切速度流动的剪切力随时间增加而减小；后者在一定切变速度下，剪切力随时间增加而增加。

3.2.2.1 触变性流体

绝大多数时间依赖性流体是触变性流体。触变性流体内的质点间形成结构，流动时结构破坏，停止流动时结构恢复，但结构破坏与恢复都不是立即完成的，需要一定的时间，因此系统的流动性质有明显的时间依赖性。在用转筒式黏度计测量触变性流体的剪切应力与剪切速率曲线时，触变性流体的显著特点如图3-3所示，升高剪切速度的上行线与降低剪切速度的下行线不重合，形成一个滞后圈。

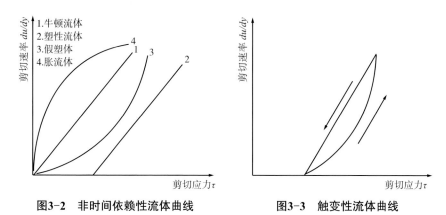

图3-2　非时间依赖性流体曲线　　　　图3-3　触变性流体曲线

3.2.2.2　震凝性流体

震凝性流体一般指胶变性流动的流体，与触变性流体相反，随着流动时间增加，液体黏度越来越大，表现的越来越黏稠。震凝性流体当流速加大到最大值后，再减低流速时，流动曲线反而在加大流速曲线的上方，这是因为流动促进了液体粒子间构造的形成，因此这种现象也被称为逆触变现象。

3.3　瓜尔胶流变黏度研究

瓜尔胶是一种天然的高分子多糖，它主要由从瓜尔豆的种皮中提取得到的半乳糖、葡萄糖和甘露糖组成，外观呈现白色或淡黄色粉末。瓜尔豆是一种常见的豆科植物，主要生长在印度和巴基斯坦等地区。瓜尔胶的化学成分是由一种叫做瓜尔豆胶（Guar Gum）的多糖类物质组成。该物质是一种水溶性纤维，可以溶解在水中形成胶体，因此具有很好的增稠、乳化、稳定等功能。它在工业生产和食品加工中都有广泛的应用，在工业生产中，瓜尔胶主要被用作油田地下水的增黏剂、纺织品的浆料、造纸工业的增强剂、烟草工业的黏合剂等；在食品加工中，瓜尔胶被广泛应用于各种食品中，如冰淇淋、饮料、调味品、糕点等。

3.3.1 羟丙基瓜尔胶流变黏度试验

3.3.1.1 流变黏度测试原理及方法

试验在江苏擎宇化工科技有限公司药液界面参数测试实验室进行，选用6种不同性质的羟丙基瓜尔胶粉末（图3-4），测试其在不同稀释倍数下的流变黏度特性。试验仪器为法国Formulaction仪器公司的FLUIDICAM型号微流控可视流变仪（图3-5）。

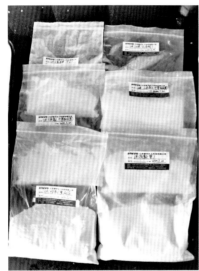

图3-4　羟丙基瓜尔胶粉末　　　　图3-5　微流控可视流变仪

FLUIDICAM微流控可视流变仪用于测试各种稠度样品的黏度，包括液体、凝胶或半固体乳液。测量时，样品和已知黏度的标准品（参比液）在设定流速下同时被挤入"Y"形芯片，在芯片通道内形成层流共流，仪器利用集成光学系统捕获流动状态，并测量界面位置（图3-6），芯片通道中两种液体满足式（3-5），从而计算被测样品的剪切速率和黏度。

$$\frac{W}{W_R} = \frac{\eta}{\eta_R} \times \frac{Q}{Q_R} \tag{3-5}$$

式中：W为样品界面宽度，mm；W_R为参比液界面宽度，mm；η为样品流变黏度，mPa·s；η_R为参比液标准流变黏度，mPa·s；Q为样品注入流速，mL/s；Q_R为参比液注入流速，mL/s。

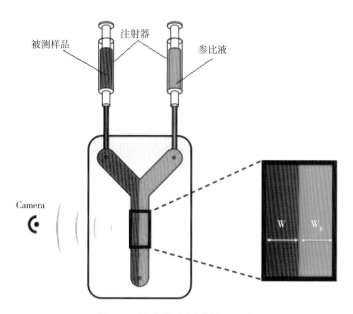

图3-6　流变黏度测试原理示意

　　试验温度设定为常温环境25℃，选择黏度为5 mPa·s的标准参比液，装夹好参比液和被测样品注射器后先进行冲洗，待软件图像中参比液和样品界面达到无气泡且流速稳定状态时，停止冲洗，正式开始测试。试验设置参比液与被测样品相对剪切速率范围设置为1 000～5 000 s^{-1}，分成5个梯度，在每一梯度剪切速率下，仪器自动进行10次取样，并计算出10次取样的剪切速率与流变黏度的实际值，并按照设置的阈值，剔除流变黏度值变化率超过1%的值，将剩余结果求取平均值作为该剪切速率下对应的流变黏度值。对于每个梯度剪切速率，设置1个试验重复，即进行1次流变黏度测定，仪器在运行结束一个梯度剪切速率后，自动进入下一梯度，直至设定的最大值，全部运行完毕后，按照设定的坐标轴属性（对数或线性），自动生成流变黏度与剪切速率之间的关系曲线。

3.3.1.2　羟丙基瓜尔胶流变黏度分析

　　将上述6种羟丙基瓜尔胶粉末按1～6号依次编号，并在清水中分别配制成500倍、800倍、1 000倍、2 000倍、4 000倍、8 000倍6种浓度梯度的混合液，在微流控可视流变仪上测定其流变黏度，设定试验温度为25℃，剪切速率范围为1 000～5 000 s^{-1}，各浓度梯度下的黏度与剪切速率曲线及黏度平均值如图3-7、表3-1所示。

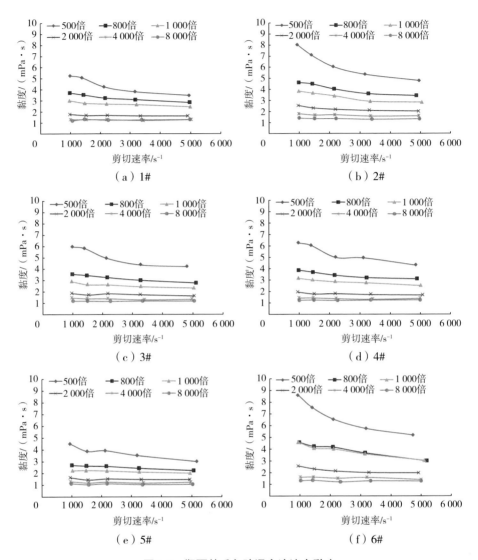

图3-7 羟丙基瓜尔胶混合液流变黏度

表3-1 各浓度梯度下羟丙基瓜尔胶混合液平均黏度

瓜尔胶品号	平均黏度/(mPa·s)					
	500倍	800倍	1 000倍	2 000倍	4 000倍	8 000倍
1	4.346	3.252	2.687	1.650	1.251	1.240
2	6.274	4.045	3.343	2.252	1.689	1.366
3	5.302	3.459	2.848	1.793	1.390	1.248

（续表）

瓜尔胶品号	平均黏度/（mPa·s）					
	500倍	800倍	1 000倍	2 000倍	4 000倍	8 000倍
4	5.041	3.188	2.559	1.745	1.362	1.170
5	3.758	2.514	2.160	1.502	1.221	1.072
6	6.707	3.927	3.850	2.200	1.541	1.283

图3-7及表3-1中不同稀释倍数黏度变化曲线和数据表明，不同稀释倍数梯度下，瓜尔胶混合液的流变黏度有较明显的梯度性，流变黏度随着稀释倍数的增大而相应降低，且相邻梯度浓度的混合液平均黏度的差异也逐渐缩小，如图3-7中所示，高稀释倍数下，黏度变化曲线越趋于重合。

随着稀释倍数的增加，试验剪切速率梯度变化对瓜尔胶混合液的黏度变化影响逐渐减小。图3-7中曲线显示，当稀释倍数为500倍时，随着剪切速率增加，瓜尔胶混合液黏度呈现较为明显的下降走势，剪切速率对黏度影响较显著，此时混合液呈现非牛顿流体的特性；当稀释倍数达800倍、1 000倍时，曲线下降趋势更平缓；当稀释倍数为4 000倍、8 000倍时，黏度曲线已呈现水平趋势，此时剪切速率对黏度不产生显著影响，黏度值基本为稳定数值，混合液表现出明显的牛顿流体特性。

为进一步研究羟丙基瓜尔胶混合液的浓度梯度、剪切速率梯度、黏度三者间的影响因素关系，运用Design-Expert多因素分析软件，将上述试验数据进行多因素影响分析，生成二次拟合方程及响应面，如图3-8所示。

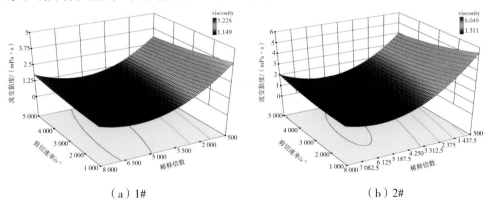

（a）1# 　　　　　　　　　　　　　（b）2#

图3-8　瓜尔胶流变黏度影响因素曲面

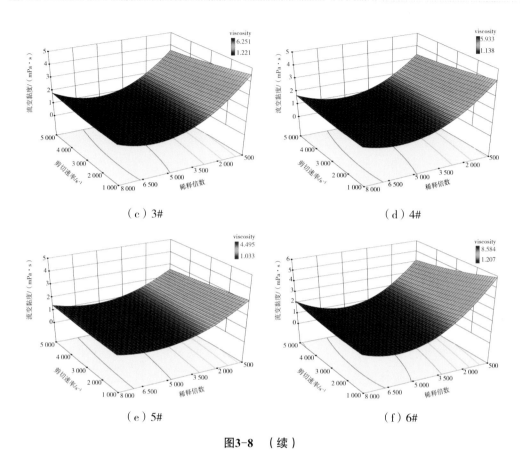

（c）3#   （d）4#

（e）5#   （f）6#

图3-8   （续）

1～6品号的羟丙基瓜尔胶混合液的剪切速率梯度、稀释倍数梯度对流变黏度影响的拟合方程如表3-2中所示。

表3-2   6种羟丙基瓜尔胶流变黏度拟合方程

瓜尔胶品号	流变黏度拟合方程
1	$\eta=4.94-3.90\times10^{-4}\tau-1.28\times10^{-3}d+4.26\times10^{-8}\tau d+2.6\times10^{-8}\tau^2+1.04\times10^{-7}d^2$
2	$\eta=7.03-7.44\times10^{-4}\tau-1.75\times10^{-3}d+6.65\times10^{-8}\tau d+5.57\times10^{-8}\tau^2+1.37\times10^{-7}d^2$
3	$\eta=5.60-3.84\times10^{-4}\tau-1.52\times10^{-3}d+4.29\times10^{-8}\tau d+2.22\times10^{-8}\tau^2+1.25\times10^{-7}d^2$
4	$\eta=5.20-3.81\times10^{-4}\tau-1.36\times10^{-3}d+4.05\times10^{-8}\tau d+2.43\times10^{-8}\tau^2+1.11\times10^{-7}d^2$
5	$\eta=3.80-1.93\times10^{-4}\tau-9.26\times10^{-4}d+2.53\times10^{-8}\tau d+6.98\times10^{-9}\tau^2+7.49\times10^{-8}d^2$
6	$\eta=7.50-7.21\times10^{-4}\tau-2.04\times10^{-3}d+7.64\times10^{-8}\tau d+4.26\times10^{-8}\tau^2+1.63\times10^{-7}d^2$

注：η为流变黏度，mPa·s；τ为剪切速率，s^{-1}；d为稀释倍数。

从图3-8响应曲面看出，曲面形状呈现为先下降后升高凹面，曲面图中存在稀释倍数、剪切速率组合下流变黏度的最小值点，根据表3-2中6种羟丙基瓜尔胶混合液流变黏度拟合方程，可以推算出6种瓜尔胶混合液最小流变黏度下稀释倍数及对应的剪切速率组合，如表3-3所示。

表3-3　羟丙基瓜尔胶最小流变黏度下的剪切速率与稀释倍数

瓜尔胶品号	$\eta_{min}/（mPa \cdot s）$	τ/s^{-1}	d
1	0.836	2 968	5 516
2	1.155	1 000	6 161
3	0.802	3 361	5 480
4	0.795	3 200	5 563
5	0.872	3 840	5 529
6	0.675	3 608	5 408

注：η为流变黏度，$mPa \cdot s$；τ为剪切速率，s^{-1}；d为稀释倍数。

在表3-3所示的稀释倍数和剪切速率下，得到羟丙基瓜尔胶混合液最小流变黏度值，该最小黏度值下，相应的稀释倍数均在5 000倍以上，此时瓜尔胶混合液呈现为牛顿流体特性，黏度保持稳定不变，且具有最佳的流动性。

3.3.2　基于棉花蚜虫防控场景的农药流变黏度研究

3.3.2.1　试验目的

针对新疆棉花中后期蚜虫防控场景的常用杀虫剂22%氟啶虫胺腈SC与喷雾助剂（ND600、ND800、倍达通、408、N380、G2801、G1801），试验模拟多旋翼植保无人机飞防作业及大田自走式喷杆喷雾机施药作业场景，测定不同配比浓度下药液及其添加喷雾助剂后的流变黏度值。试验在江苏擎宇化工科技有限公司恒温实验室进行，所用仪器设备为微流控可视流变仪。无人机飞防作业以5 g/亩用量，自走式喷杆喷雾机作业以10 g/亩用量配比药液。试验方法参照3.3.1.1所述。

3.3.2.2　基于棉花蚜虫防控场景的农药流变黏度分析

在基于多旋翼植保无人机作业场景配制的药液中依次添加1%ND600、

1%ND800、2%倍达通、1%G2801、0.2%N380；基于自走式喷杆喷雾机作业场景配制的药液中依次添加0.1%ND600、0.1%ND800、0.3%408、0.33%G1801、0.03%N380。运用微流控可视流变仪测定不同剪切速率梯度下药液的流变黏度值。各药液不同剪切速率梯度下的流变黏度变化曲线如图3-9所示。

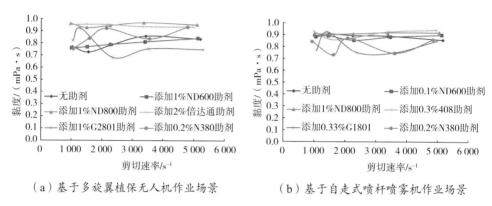

（a）基于多旋翼植保无人机作业场景　　（b）基于自走式喷杆喷雾机作业场景

图3-9　基于棉花蚜虫防控场景的农药流变黏度

图3-9中曲线表明，在添加了不同效果的助剂后，药液的流变黏度值相较于添加助剂之前未呈现显著的上升或下降，流变黏度值变化范围为0.7～1 mPa·s，表明不同效果的助剂对药液流变黏度改变无明显作用。

图3-9中曲线可以看出，在添加N380、G2801、G1801助剂后，药液流变黏度随剪切速率变化呈现较为明显的波动现象，出现了黏度值拐点，其中：添加N380助剂，飞防场景下剪切速率2 134.9 s^{-1}和3 545.2 s^{-1}时，黏度拐点值分别为0.922 4 mPa·s、0.837 9 mPa·s；地面施药场景下剪切速率2 075.4 s^{-1}和3 603.0 s^{-1}时，黏度拐点值为0.868 0 mPa·s、0.744 3 mPa·s。飞防场景下，添加G2801助剂时，剪切速率1 301.5 s^{-1}和2 355.3 s^{-1}时，黏度拐点值分别为0.922 5 mPa·s、0.683 1 mPa·s；在地面施药场景下，添加G1801助剂时，剪切速率1 405.3 s^{-1}和2 367.0 s^{-1}时。黏度拐点值分别为0.921 1 mPa·s、0.749 7 mPa·s。其余助剂对氟啶虫胺腈SC流变黏度的影响不明显，未出现显著的拐点。

第4章 药液雾化粒径与影响因素

雾化喷头是实现喷雾作业质量的重要部件，也是药液完成雾化分散的关键器件。药液通过喷头雾化成雾滴后，雾滴大小、分布均匀性、雾滴运动状态等参数很大程度取决于喷头内部流道结构、喷雾压力及喷雾高度。农药雾滴粒径是对喷头雾化质量的重要表征参数，也是影响农药在靶标上沉积和分布质量的重要因素。目前，常用喷头的雾滴粒径粗细度等级是根据英国作物保护委员会（BCPC）按照雾滴粒径界限值来划定的，根据雾滴粒径大小，将雾滴划分为非常细雾滴（VF）、细雾滴（F）、中等雾滴（M）、粗雾滴（C）、非常粗雾滴（VC）和极粗雾滴（XC）6个等级。现有研究表明，细雾滴比粗雾滴更容易在靶标叶片上附着持留、雾滴分布均匀性更好，但细雾滴更容易飘移、蒸发，而粗雾滴虽具有更好的抗飘移性能，但其在靶标叶片上的持留性能较差，尤其在疏水叶片表面，难以铺展而极易滚落。因此，为提高药液利用率，促进雾滴在靶标叶片上的沉积于分布均匀性，在施药时需根据所需雾滴粗细度选择合适的喷头、施药器械及参数，以获得雾滴最佳效果。

4.1 雾滴雾化粒径分布

4.1.1 试验内容与设计

试验基于雾滴空间传递与评价系统来模拟施药环境，其雾化舱内结构如图4-1所示。本试验选用不同型号雾化喷头进行雾滴粒径和分布均匀度测试，试验测定在不同喷雾压力、雾化高度下，喷头对雾滴粒径大小和分布均匀度的影响，研究分析不同类型喷嘴及不同喷雾参数对雾滴粒径大小及均匀性的影响差异，旨在为田间有害生物防控作业筛选雾化器材及雾化参数条件提供理论支撑与依据。

1.激光粒度仪接收端；2.激光粒度仪发射端；3.可升降喷头座

图4-1　雾滴空间传递与评价系统

4.1.2　雾化研究平台构建

4.1.2.1　喷嘴与雾化介质

试验喷嘴选用德国Lechler公司生产的ST110015标准扇形喷头、IDK12001气吸型射流防飘喷头，美国Spray System公司生产的Teejet系列TP8001E、TP80015E均匀扇形喷头，试验压力范围分别设置为0.2 MPa、0.3 MPa、0.4 MPa、0.5 MPa，雾化高度设置为在喷杆喷雾机常用喷雾高度50 cm基础上上下各浮动一个梯度，即30 cm、5 cm、70 cm。各试验喷头的参数信息如表4-1所示。试验所用喷雾液均为常温自来水。

表4-1　试验喷头参数

喷头型号	名称	扇面角度/°	标准流量代码
TP8001E	均匀扇形喷头	80	01
TP80015E	均匀扇形喷头	80	015
IDK12001	气吸型射流防飘喷头	120	01
ST110015	标准扇形喷头	110	015

4.1.2.2　试验仪器

试验中所用仪器设备有：Bettersize2000S激光粒度分析仪（丹东百特仪器有限公司）、雾滴空间传递与评价系统（江苏擎宇化工科技有限公司自主研制）（图4-1）。其中雾滴空间传递与评价系统由雾化舱、雾化装置、混药装置、数据采集处理端构成（图4-2、图4-3）。

图4-2　混药装置

图4-3　数据采集与处理端

图4-2中，混药装置左右罐体分别为储气罐和储液罐，罐体上端进气管路通过高压软管与空气压缩机相连，下端通过球阀管路将药液输送至喷头。试验前关闭储液罐进气管路，打开储气罐进气管路，关闭供液球阀，通过空气压缩机往储气罐内充入压缩空气；试验时，依次打开供液球阀及储液罐进气管路，药液在压力作用下输送至喷头，并雾化喷出，如图4-4所示。图4-3中数据采集软件进行雾滴捕捉及粒径测算，并生成雾滴粒径分析结果。

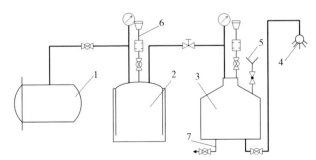

1.空气压缩机；2.储气罐；3.储液罐；4.喷头；5.加液漏斗；6.排气管路；7.排液管路

图4-4　喷雾管路示意

4.1.3 雾滴雾化粒径试验结果与分析

4种型号喷头在不同喷雾压力下，对清水雾化雾滴的粒径随高度变化如图4-5所示。

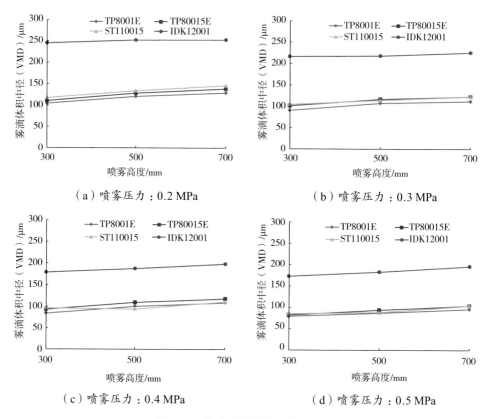

（a）喷雾压力：0.2 MPa　　　　　（b）喷雾压力：0.3 MPa

（c）喷雾压力：0.4 MPa　　　　　（d）喷雾压力：0.5 MPa

图4-5　4种喷头雾化粒径试验结果

从各试验喷头雾化情况来看，相同试验条件下，IDK12001防飘喷头雾化粒径明显大于其余3种喷头，由于IDK系列喷头与其余3种喷头相比，内部采用的是气吸式射流雾化结构设计（图4-6），高速药液经射流器进入喷头主体时，在周边产生负压，将空气经气孔吸入流道内，与药液混合，形成包含有气泡的雾滴群，增大了雾化产生的雾滴粒径。图4-5中粒径变化趋势看出，IDK12001喷头分别在0.2 MPa压力下，喷雾粒径为250 μm；在0.3 MPa压力下，喷雾粒径为220 μm；在0.4 MPa压力下，喷雾粒径为190 μm；在0.5 MPa压力下，喷雾粒径为180 μm。其余型号喷头TP8001E、TP80015E、ST110015在相同条件下雾化粒径差异不明显，且随着喷雾压力增加，雾滴粒径在100 μm上下浮动。

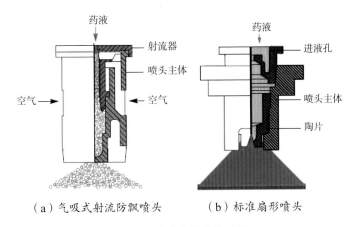

（a）气吸式射流防飘喷头　　　（b）标准扇形喷头

图4-6　喷头内部结构示意

为表征喷头雾化产生的雾滴在不同粒径分布区间内的均匀程度，将雾滴粒径中D_{90}、D_{10}的差值与体积中径VMD的比值称为跨度（$SPAN$），如式4-1所示：

$$SPAN = \frac{D_{90} - D_{10}}{VMD}$$

（4-1）

用跨度大小来定量表征雾滴颗粒大小分布的均匀性。4种型号喷头雾滴粒径分布跨度变化曲线如图4-7所示。

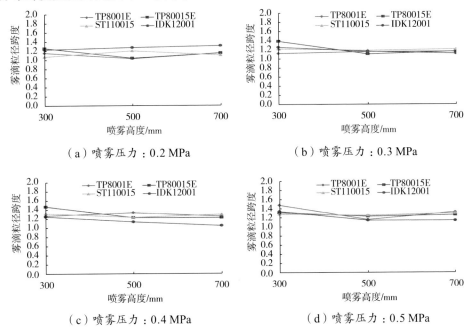

（a）喷雾压力：0.2 MPa　　　　　（b）喷雾压力：0.3 MPa

（c）喷雾压力：0.4 MPa　　　　　（d）喷雾压力：0.5 MPa

图4-7　4种喷头雾化粒径分布跨度曲线

从图4-7中曲线变化可以看出，4种喷头雾化所得雾滴粒径分布跨度均大于1.0，IDK防飘喷头在0.2 MPa较低压力下，雾化粒径分布跨度明显高于其余3种常规标准喷头，随着喷雾压力增大到0.4 MPa、0.5 MPa时，IDK防飘喷头粒径分布跨度呈现较为明显的下降趋势，且明显低于其余3种喷头雾化粒径的跨度值。由此可见，虽然IDK防飘喷头的雾滴粒径明显大于其余标准喷头，但在压力较高条件下，其粒径分布均匀性优于常规标准喷头。由于IDK喷头雾化产生的液滴内包含气泡，雾滴在离开喷头进入空气中后，随着压力降低，气泡会不断变化增大直至破裂。在0.2 MPa较低喷雾压力下，雾化产生的液滴及其所包含的气泡直径较大，且喷雾压力与大气压压差小，气泡破裂对液滴产生的作用力较弱，形成的雾滴粒径一致性较低，而在0.4 MPa、0.5 MPa较高喷雾压力下，液滴及气泡直径小，此外，气泡在较大压力差下，破裂产生的作用力使液滴分散成更细小雾滴，提升了雾滴粒径的一致性。

上述不同喷头对清水的雾化试验结果表明：气吸式防飘喷头与常规标准喷头的差异之处在于喷头内部流道的不同，从而达到增大雾滴粒径来实现减少飘移效果；常规标准喷头之间，喷头内部流道结构相似，因此不同型号喷头产生的雾滴粒径和分布跨度的差异性较小。

4.2　不同表面活性剂对雾化分散粒径的影响试验

4.2.1　试验内容与设计

试验基于雾滴空间传递与评价系统开展，在清水中按照一定浓度配制不同表面活性剂水溶液，比较在掺混表面活性剂前后，雾滴粒径及分布均匀性的变化，分析表面活性剂对雾化粒径及均匀性的影响。

试验条件设定为无风状态，雾化喷头选用德国Lechler公司ST11003标准扇形雾喷头，喷雾压力依次设定为0.2 MPa、0.3 MPa、0.4 MPa、0.5 MPa，喷雾高度设定为喷杆喷雾机常用的500 mm高度。试验所用表面活性剂名称、配制浓度及其特性如表4-2所示。

表4-2　表面活性剂名称、配制浓度及其特性

表面活性剂名称	产品特点	稀释倍数
AEO245	促进叶面润湿	1 000
2125	促进叶脉传导吸收	1 500
甲基化植物油	提升雾滴沉降性能	500
SP-4092	降低表面张力	3 000
SP-4026	促进液滴铺展	3 000

4.2.2　试验结果与分析

　　试验5种表面活性剂水溶液与清水的雾化粒径及雾滴粒径跨度对比关系曲线如图4-8所示。

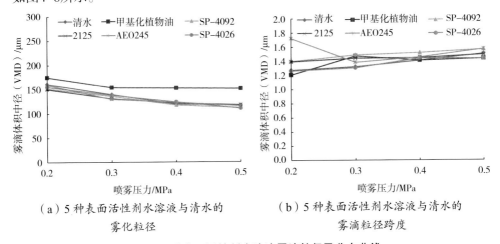

（a）5种表面活性剂水溶液与清水的
雾化粒径

（b）5种表面活性剂水溶液与清水的
雾滴粒径跨度

图4-8　5种表面活性剂水溶液雾滴粒径及分布曲线

　　图4-8（a）中表面活性剂水溶液和清水的雾化粒径分布曲线看出，甲基化植物油水溶液粒径明显大于其余4种表面活性剂和清水的粒径，其余4种表面活性剂的水溶液雾化粒径与清水差异性较小，且在0.4 MPa、0.5 MPa较高喷雾压力下，粒径值呈现明显的同一性，变化趋势相一致。雾滴粒径分布跨度方面，在0.2 MPa、0.3 MPa较低喷雾压力下，不同表面活性剂水溶液的雾滴分布跨度差异性较大；当喷雾压力达到较高的0.4 MPa、0.5 MPa时，各表面活性剂水溶液的雾化粒径分布跨度差异性开始减小，跨度值呈现较为明显一致性。

甲基化植物油表面活性剂具备促进雾滴沉降的性能，其对药液界面特性的改变表现为增大药液雾化产生的雾滴的粒径，增加雾滴重量，从而达到促进雾滴的沉降性能的作用；其余4种表面活性剂在雾化性能方面与清水差异较小，其对药液界面特性的改变不影响药液的雾化性能。而在雾滴分布跨度方面，就单个表面活性剂而言，其对水溶液的粒径分布跨度的改变未有明显的影响作用，粒径分布跨度仅受喷雾压力的影响。

4.3　SP-4026表面活性剂界面参数与雾化试验

4.3.1　SP-4026简介

SP-4026是一种聚醚改性三硅氧烷类表面活性剂。动态表面张力低、铺展面积大，可有效提高药液着靶粘附与铺展，提高农药沉积量。尤其适合与触杀性药剂配合使用，可以促使药液快速展布至害虫隐匿的花萼、卷叶部位，从而促进触杀性药剂的药效发挥。其外观呈现琥珀色透明液体，可在水中任意比例互溶，且可溶于植物油或芳香烃中（图4-9）。

SP-4026能够与绝大多数农药制剂及叶面肥等混配使用，可显著降低药液的动态表面张力，增强药液黏附力，耐雨水冲刷；增强药液在疏水作物表面的有效覆盖；促使其在靶标表面快速润湿和扩展，进而带动药液进入喷雾时药液未能直接到达的卷叶、花苞、害虫隐匿部位。SP-4026的产品性能参数如表4-3所示。

图4-9　SP-4026表面活性剂样品

表4-3　SP-4026表面活性剂性能参数

参数	值
pH值	6 ~ 8
含水率/%	<0.3
密度/（g/mL）	0.990 6 ± 0.005
静态表面张力/（mN/m）（3 000倍，25℃）	20.00 ~ 22.00
润湿时间/s	30 ~ 180
铺展指数	15.0 ~ 25.0

将SP-4026与20%多杀菌素SC桶混，采用茎叶喷雾法针对广西、海南等地的豇豆抗性蓟马进行防治试验，以25%乙基多杀菌素WDG为对照，进行施药24 h及48 h后的防效观测，其结果如表4-4所示。

表4-4　SP-4026对豇豆蓟马防治效果的影响

试验药剂	助剂	稀释倍数		防效/%	
		药剂	助剂	24 h	48 h
20%多杀菌素SC	—	3 000	—	48.49	69.82
20%多杀菌素SC	SP-4026	3 000	2 000	52.74	84.24
25%乙基多杀菌素WDG		3 000	—	53.36	91.39

试验防效结果表明，仅喷施20%多杀菌素SC后24 h的防效仍低于50%，加入增效剂SP-4026后的防效显著提升，特别是施药后48 h，防效提升幅度较大，接近对标的25%乙基多杀菌素WDG产品的防治效果。在试验施药后24 h和48 h防效调查中，药剂与助剂桶混的处理组均表现出明显优于未添加组的防治效果，且接近对标的新化合物的防效。

4.3.2　不同稀释倍数SP-4026界面参数与粒径

为探究SP-4026表面活性剂不同的稀释倍数对其表面张力和雾化分散粒径的影响，将SP-4026表面活性剂按照200倍、500倍、2 000倍、3 000倍、5 000倍、

10 000倍、20 000倍、30 000倍8个稀释倍数梯度进行稀释，并测定各稀释溶液的静态表面张力、动态表面张力及雾化粒径值。试验在江苏擎宇化工科技有限公司恒温恒湿实验室及雾滴空间传递与评价系统中进行，试验环境温度28℃，相对湿度50%，雾化试验选用德国Lechler公司的ST11003型号标准扇形喷头，喷雾高度为500 mm，压力梯度为0.2 MPa、0.3 MPa、0.4 MPa、0.5 MPa。

4.3.2.1 不同稀释倍数SP-4026的表面张力

在上述各稀释倍数下，SP-4026水溶液静态表面张力值如表4-5所示。

表4-5 不同稀释倍数SP-4026表面活性剂水溶液静态表面张力　　　　　单位：mN/m

项目	稀释倍数							
	200	500	2 000	3 000	5 000	10 000	20 000	30 000
静态表面张力	19.87	19.80	21.07	21.13	21.18	21.41	24.17	26.47

表4-5中数据可以看出，当稀释倍数不超过10 000倍时，SP-4026水溶液的稀释倍数对静态表面张力变化未表现出明显的影响作用，黏度数值递增缓慢，增量小；当稀释倍数大于10 000倍时，静态表面张力值产生较为明显的增大趋势，数据表明，SP-4026表面活性剂的临界胶束浓度（cmc）为10 000倍稀释浓度，当稀释倍数超过临界胶束浓度值时，静态表面张力呈现急剧增大现象。

上述稀释倍数梯度下，SP-4026表面活性剂水溶液的动态表面张力变化曲线如图4-10所示。

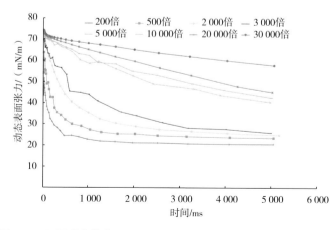

图4-10 不同稀释倍数SP-4026表面活性剂水溶液动态表面张力曲线

从图4-10中各稀释倍数的SP-4026溶液动态表面张力可以看出，200倍、500倍、2 000倍、3 000倍4种浓度梯度下的动态表面张力值低于其余浓度梯度下的溶液，且在2 000 ms后，动态表面张力曲线表现出显著的平稳性，表面张力值达到稳定值，且各稀释浓度下具有较明显的差异；在5 000倍、10 000倍、20 000倍、30 000倍稀释浓度下，前1 000 ms内，各浓度的溶液表面张力值未有明显的差异，2 000 ms后，表面张力开始出现显著的降低现象，但在5 000 ms内未出现明显趋于稳定的变化规律，且各浓度梯度间的表面张力值呈现较大的差异性。

SP-4026稀释水溶液的表面张力试验结果可得，不同稀释倍数对SP-4026的表面张力变化存在一定的影响，其中以临界胶束浓度（cmc）作为稀释倍数的临界点，即10 000倍稀释，稀释倍数达到10 000倍以上，表面张力随稀释倍数增大而呈现出明显增加趋势；从动态表面张力曲线来看，5 000倍及以上稀释倍数的SP-4026溶液动态表面张力衰减速率平缓，达到稳定所需时间较长，200倍、500倍、2 000倍、3 000倍稀释下，动态表面张力在较短时间内快速下降并趋于稳定状态，由此可推断，随着稀释倍数不断增加，动态表面张力下降速率逐渐减缓，稳定状态所需时间逐渐增加。

4.3.2.2 不同稀释倍数SP-4026的雾化粒径

在上述各稀释倍数下，进行SP-4026水溶液的雾化粒径及粒径分布跨度测试试验。试验结果如图4-11所示。

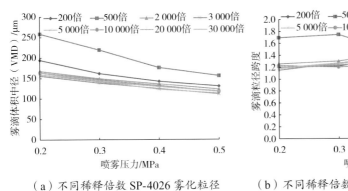

（a）不同稀释倍数 SP-4026 雾化粒径　　（b）不同稀释倍数 SP-4026 雾化粒径跨度

图4-11　不同稀释倍数SP-4026表面活性剂雾化粒径

据图4-11（a）中雾滴粒径数据来看，500倍稀释的SP-4026水溶液雾化粒径明显大于其他稀释倍数，200倍稀释的溶液粒径略大于其余稀释倍数，除该两种稀释浓度之外，其他浓度梯度下的稀释溶液间粒径无显著性差异，粒径变化区间在115～170 μm。

据图4-11（b）中雾滴粒径分布跨度来看，仅500倍稀释浓度下，0.2 MPa、0.3 MPa喷雾压力产生的雾滴粒径跨度明显高于其他雾化条件下的粒径跨度，除此之外，不同稀释倍数对雾滴粒径分布跨度未表现出明显的影响作用，跨度变化区间为1.2～1.5。

不同稀释倍数的SP-4026水溶液雾化试验结果表明，按照常规的3 000倍稀释与药液桶混使用时，对药液的雾滴粒径大小及分布均匀性无明显的改变作用，但3 000倍稀释状态的动态表面张力曲线表明，该浓度的SP-4026可促使药液的表面张力在较短时间内迅速降低至稳定状态，提升药液在叶片上的铺展性能。

4.4 基于棉花蚜虫防控场景的农药雾化分散研究

针对2.3节中棉花蚜虫防控场景常用桶混药剂及药液施用方式，为探究药剂在掺混不同喷雾助剂后对雾化粒径的影响和变化规律，本节在22%氟啶虫胺腈SC、21%噻虫嗪SC中选择掺混5种喷雾助剂（ND600、ND800、倍达通、N380、G2801），模拟多旋翼植保无人机飞防作业及大田自走式喷杆喷雾机作业场景，基于雾滴空间传递与评价系统，进行桶混药液的雾化分散试验，以掌握药液在施用过程中的分散粒径及分布情况。

4.4.1 试验设计

由2.3.2.2节中表2-7、表2-8可知，不同浓度的22%氟啶虫胺腈SC、21%噻虫嗪SC与助剂桶混药液的动态/静态表面张力、接触角等界面参数受所掺混助剂的性质差异影响较大，而药液本身浓度差异对这些界面参数的影响可忽略不计。因此本节试验中，对参试药液的配比浓度将不作梯度区分，以单一浓度值进行试验，所掺混的喷雾助剂种类及浓度仍按照2.3.2.2节中表2-6进行，仅分析探讨不同表面活性剂对药液雾化的影响及规律。

为精准表征喷雾助剂对药液雾化分散效果的影响，本试验喷雾压力有4个梯度，分别为0.2 MPa、0.3 MPa、0.4 MPa、0.5 MPa，雾滴样本采集高度为500 mm，所用喷嘴选用德国Lechler公司的ST11001型标准扇形喷嘴。

4.4.2　试验结果与分析

22%氟啶虫胺腈SC、21%噻虫嗪SC与不同喷雾助剂桶混后的雾化粒径变化及雾滴分布跨度变化曲线如图4-12所示。

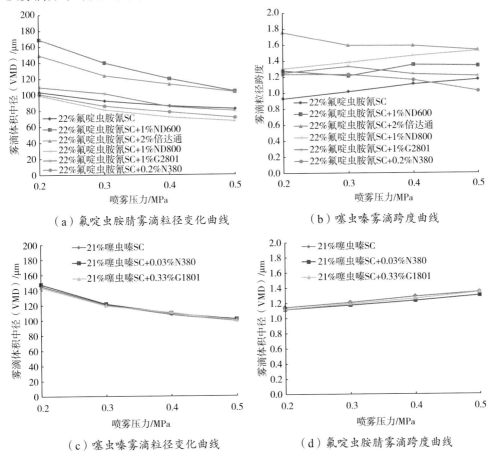

（a）氟啶虫胺腈雾滴粒径变化曲线　　　　（b）噻虫嗪雾滴跨度曲线

（c）噻虫嗪雾滴粒径变化曲线　　　　（d）氟啶虫胺腈雾滴跨度曲线

图4-12　喷雾助剂对药液雾化分散影响

图4-12（a）、（b）结果表明，ND600、倍达通两种助剂对提升氟啶虫胺腈药液的雾化分散粒径有较为明显作用，其中，掺混了ND600助剂后，在0.2~0.5 MPa各压力梯度下，雾滴粒径分别增长了62.75%、51.61%、39.27%、26.67%；掺混了倍达通助剂后，在0.2~0.5 MPa各压力梯度下，雾滴粒径分别增长了43.70%、34.29%、31.49%、25.58%。

ND800、N380两种助剂对氟啶虫胺腈药液的雾化粒径有一定的减小作用，其中，掺混ND800助剂后，在0.2~0.5 MPa各压力梯度下，雾滴粒径分别减小了

4.26%、11.78%、16.26%、18.81%；掺混N380助剂后，在0.2～0.5 MPa各压力梯度下，雾滴粒径分别减小了2.5%、6.91%、8.73%、13.48%。

从曲线图中看出G2801助剂未能明显改变雾滴粒径，在0.2～0.5 MPa各压力梯度下，雾滴粒径变化分别为：+5.48%、+10.14%、-0.10%、-3.18%，其中在0.4 MPa、0.5 MPa较高喷雾压力下，雾滴粒径变化趋势由增大转为下降，且与不掺混助剂时的粒径接近一致。

从雾滴粒径跨度变化来看，添加喷雾助剂后，雾滴分布跨度值整体呈现出明显的增大现象，具体变化值如表4-6所示。

表4-6　喷雾助剂对22%氟啶虫胺腈SC雾滴粒径跨度变化

喷雾压力/MPa	ND600	倍达通	ND800	G2801	N380
0.2	+0.352	+0.828	+0.374	+0.324	+0.307
0.3	+0.197	+0.573	+0.365	+0.312	+0.213
0.4	+0.240	+0.480	+0.355	+0.125	+0.051
0.5	+0.173	+0.366	+0.357	+0.046	-0.141

注：表中数据为相对于不掺混助剂时的氟啶虫胺腈溶液雾滴粒径跨度值变化，"+"表示跨度增大，"-"表示跨度减小。

表中数据可见，掺混倍达通助剂后，在各压力梯度下，粒径分布跨度值增量均大于其他助剂，表明倍达通对降低粒径分布均匀性的影响作用最为显著；掺混ND800助剂后，各压力梯度下，粒径分布跨度的增量呈现最明显的一致性，图4-12（b）中两者曲线表现为近似平行，表明ND800对降低粒径分布均匀性影响作用最稳定，此外，仅N380助剂在0.5 MPa喷雾压力下，雾滴粒径跨度出现降低现象，即对粒径分布的均匀性改善有促进作用。

图4-12（c）、（d）来看，掺混N380后，在0.2～0.5 MPa各压力梯度下，雾滴粒径分别变化了+1.51%、+0.75%、+1.49%、+2.48%；掺混G1801后，在0.2～0.5 MPa各压力梯度下，雾滴粒径分别变化了-1.24%、-0.91%、+2.41%、+0.77%，由此可见，N380、G1801两种助剂对21%噻虫嗪SC的雾化粒径均未有明显的增大或减小作用。

从雾滴粒径分布跨度来看，掺混N380助剂后，在各压力梯度下，粒径分布跨度变化量分别为-0.029、-0.038、-0.054、-0.050；掺混G1801助剂后，在各压力梯度下，粒径分布跨度变化量分别为-0.023、-0.020、-0.025、-0.005，由此可见添加该两种喷雾助剂对噻虫嗪药液的粒径均匀性方面仅表现出轻微的改善促进作用。

4.5　羟丙基瓜尔胶的雾化分散试验研究

4.5.1　试验设计

　　针对3.3节中6种不同性质的瓜尔胶混合液，在研究分析其不同稀释浓度下流变黏度变化规律的基础上，基于雾滴空间传递评价系统，研究分析其雾化粒径的变化趋势及影响规律，瓜尔胶稀释倍数参照3.3.1.2节中的6个梯度进行，分别为500倍、800倍、1 000倍、2 000倍、4 000倍、8 000倍，喷雾压力有4个梯度，分别为0.2 MPa、0.3 MPa、0.4 MPa、0.5 MPa，雾滴样本采集高度为500 mm，选用喷雾为德国Lechler公司生产的ST11002标准扇形雾喷头。

4.5.2　试验结果与分析

　　结合表3-1中各品号瓜尔胶在不同稀释倍数下的平均流变黏度值，瓜尔胶混合液在不同喷雾压力梯度下的雾化分散粒径随黏度变化趋势如图4-13所示。

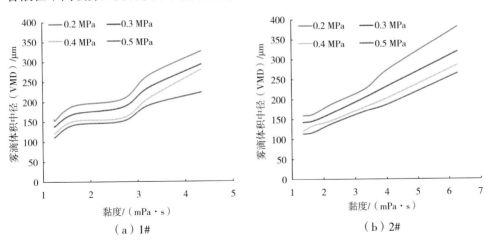

图4-13　瓜尔胶混合液雾化粒径与黏度关系

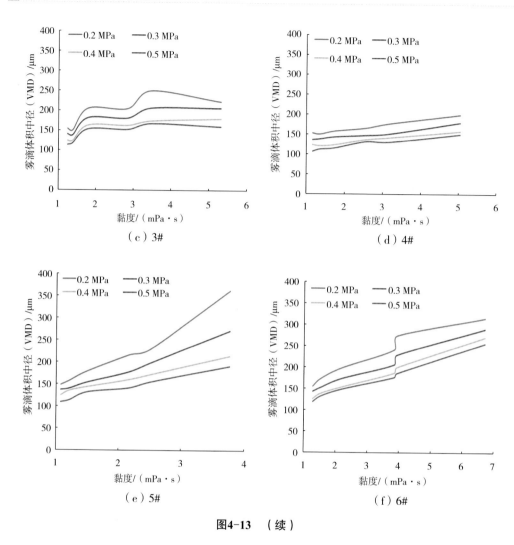

图4-13　（续）

　　图4-13瓜尔胶雾化粒径随流变黏度变化曲线可以看出，雾化粒径总体上呈现随着流变黏度的增大而增大，两者呈现正相关特性。具体来看，2#、4#、5#三种瓜尔胶混合液的粒径随流变黏度变化呈现较平稳且连续的增大趋势，其中，2#、5#瓜尔胶的混合液粒径变化受黏度影响明显大于4#瓜尔胶混合液；1#、3#、6#三种瓜尔胶混合液的粒径随流变黏度变化呈现波动式增大的趋势，粒径曲线上有明显的突变拐点，具体来看，1#瓜尔胶混合液流变黏度在3 mPa·s以下时，雾滴粒径增加幅度随流变黏度增大呈现减小趋势，流变黏度达3 mPa·s以上时，粒径随流变黏度的增大而呈较明显增大趋势，6#瓜尔胶混合液中，流变黏度为4 mPa·s时，雾滴粒径出现阶跃式突变，且在该黏度变化点前后，粒径的随黏度

变化的增大趋势基本维持一致，3#瓜尔胶混合液中，雾滴粒径变化出现多个增大拐点，呈现出阶梯式分段波动增加的变化规律，其中当流变黏度为2 mPa·s和3 mPa·s时，粒径变化分别出现了明显的阶跃式增大现象，在该两黏度变化点之间，雾滴粒径随黏度增加呈现水平分布规律。

棉花有害生物防控的农药损失规律及高效利用机制

第5章

我国是棉花种植和消费大国，年产棉花总量约600万t，约占全世界总产量的30%，年消费棉花总量约1 000万t，两者均位列世界第一。从我国棉花消费量超过生产量来看，必须提高有限种植面积上的棉花产量。新疆维吾尔自治区是我国棉花种植和产量最大的地区，是我国最主要的棉花产区，新疆主产区因突破了"矮密早"的栽培技术，大面积提升了棉花的单产。我国三大棉花主产区的主要自然条件及常见品种如表5-1所示。

表5-1　我国三大棉花主产区的主要自然条件及常见品种

棉区	无霜期/d	≥15℃积温/℃	生长期间日照时数/h	生长期降水量/mm	平均海拔/m	常见棉花品种
长江流域	220～300	>4 000	3 500～4 100	>600	<500	酒棉3号、苏棉8号、苏棉12号、鄂抗棉5号、川棉109
黄河流域	180～230	3 500～1 400	1 400～1 500	400～700	<3 500	中棉所19、中棉23、冀棉24
西北内陆	155～230	3 000～4 900	>1 500	<150	-100～1 400	军棉1号、新陆早1号、新陆早5号、新陆中66号、中棉所12号、中棉所19号、冀棉24号

目前，棉花病虫害防治主要方式仍是以喷洒化学农药为主。早期主要采用背负式喷雾器进行棉花病虫害防治作业，作业效率低下，且对中后期棉花封行后的防治效果不理想；目前，针对新疆等地大面积种植的棉花，广泛采用自走式或牵引式喷杆喷雾机，此类机具由拖拉机作牵引动力，喷幅较大，作业效率远高于背

负式喷雾器，同时，由于同样采用液力雾化原理，雾滴难以穿透棉花冠层到达中下层叶片，农药的有效利用率偏低，此外由于棉花生长中后期封行会导致机具无法下地作业。上述两种传统施药方式均采用大容量喷雾模式，药液极易从叶片表面流失，造成严重的浪费和土壤污染。近年来，随着植保无人机的快速发展，无人机飞防作业模式已越来越多应用到棉花病虫害防治作业中，无人机施药具有运行成本低、作业效率高、喷雾均匀等诸多优点，无人机旋翼产生的下洗风场有助于提升雾滴在棉花叶片冠层间的穿透性和沉积量，从而提高农药的有效利用率。

5.1　棉田农药主要沉积部位与有害生物为害部位

棉花生长期分为苗期、蕾期、花铃期、吐絮期。其中苗期、蕾期和花铃期是病虫害高发时期。苗期主要以立枯病、枯萎病、炭疽病、猝倒病为主；整个生长期内都是棉花蚜虫、棉盲蝽、棉蓟马、棉红蜘蛛等害虫的易发时期。

目前新疆等产地普遍采用矮化密植的种植模式。在棉花苗期，可使用背负式喷雾器对准植株进行喷雾；而在棉花蕾期、花铃期及吐絮期，叶片交叉封行，难以进行人工喷雾作业，通常会选用高地隙喷杆喷雾机、吊杆喷雾机或风送远程喷雾机等大型施药装备或无人植保机进行病虫害防治作业。喷杆喷雾机、风送式喷雾机等大型作业机具喷雾量大，极易导致药液从叶片流失，且液力雾化喷头产生的雾滴难以穿透棉花冠层到达中下部及叶片背面，难以触杀红蜘蛛、蚜虫等发生在叶片背面的虫害。

5.2　棉花生长中期雾滴沉积试验

5.2.1　基于植保无人机的喷雾雾滴沉积规律

5.2.1.1　喷雾参数对雾滴沉积分布的影响

试验地点位于新疆农业科学院植物保护研究所棉花试验田（新疆库尔勒市和什力克乡）。棉花品种为新陆中66号，栽植模式为一膜四行单作，膜宽1.45 m，种植密度15万～18万株/hm²，棉花生长期为中期，17～19叶，平均株高50～55 cm，叶面积指数1.536，棉花长势和田间管理均匀一致。

试验用无人机为MG-1P型多旋翼植保无人机，共设置9个试验处理，喷雾介质为诱惑红水溶液，各试验处理的喷雾参数如表5-2所示。

表5-2 植保无人机试验参数

处理编号	飞行高度/m	飞行速度/（m/s）	喷头型号
1	2	3	ST11001
2	2	4	ST110015
3	2	5	LU12001
4	3	4	LU12001
5	3	3	ST110015
6	3	5	ST11001
7	4	4	ST11001
8	4	5	ST110015
9	4	3	LU12001

试验处理中，所用喷头为德国Lechler生产的ST11001、ST110015、LU12001型喷头，查阅喷头使用手册得各喷头的粒径分布范围：ST11001（100～130 μm）、ST110015（130～170 μm）、LU12001（130～160 μm）。

上述9个试验处理喷头粒径及喷雾结果如表5-3所示。

表5-3 不同试验处理下诱惑红沉积量

处理	粒径/μm	上部		中部		下部	
		正面	背面	正面	背面	正面	背面
1	112	506.1	473.2	798.5	669.8	1 422.6	852.4
2	142	362.5	262.6	363.5	148.4	377.4	107.4
3	158	247.9	107.7	245.0	188.4	201.7	40.3
4	150	339.4	181.6	374.9	203.4	298.4	200.1
5	138	609.4	244.0	337.8	118.4	105.1	85.6
6	128	372.6	148.0	147.7	165.6	146.4	107.7

（续表）

处理	粒径/μm	上部		中部		下部	
		正面	背面	正面	背面	正面	背面
7	106	264.1	395.3	414.7	556.7	490.0	438.4
8	165	408.2	384.0	419.5	192.0	292.1	227.5
9	131	486.5	129.8	405.8	162.4	306.8	256.1

注：表中沉积量单位为ng/cm²。

试验结果显示，喷雾参数对诱惑红在棉花冠层间的沉积量分布有着明显的影响。其中，处理1的诱惑红沉积分布效果最佳，在冠层的上、中、下部位叶片正面的沉积量分别达到506.1 ng/cm²、798.5 ng/cm²、1 422.6 ng/cm²，叶片背面的沉积量分别达到473.2 ng/cm²、669.8 ng/cm²、852.4 ng/cm²，均明显高于其余试验处理的沉积量。在飞行速度为5 m/s时，诱惑红在棉花冠层下部叶片正面的沉积量仅为100～300 ng/cm²，明显低于其余两个飞行速度下的沉积量。

5.2.1.2　喷雾助剂对无人机雾滴沉积分布的影响

试验机具为MG-1P型多旋翼植保无人机，飞行速度设定3 m/s，飞行高度设定2 m/s，喷头选用德国Lechler公司生产的ST11001标准扇形喷头，试验药剂为22%氟啶虫胺腈SC，助剂有ND800、G2801、倍达通，试验设计按照单独喷施22%氟啶虫胺腈SC、喷施22%氟啶虫胺腈SC分别与3种助剂的桶混溶液4个处理进行，并添加诱惑红作为喷雾示踪剂。

沉积量试验结果如表5-4所示，单独喷施22%氟啶虫胺腈药剂，药剂在棉花冠层上、中、下部位的沉积量均大于添加3种飞防助剂后的沉积量，但从雾滴密度来看，仅有中部位置叶片正面的雾滴密度达到28.8个/cm²；添加了ND800助剂后，棉花冠层上、中、下部位叶片正面的雾滴密度为：47.1个/cm²、27.7个/cm²、89.3个/cm²，与不添加助剂相比，变化了196.23%、-3.82%、491.39%；添加G2801助剂后，棉花冠层上、中、下部位叶片正面的雾滴密度为20.5个/cm²、47.7个/cm²、49.8个/cm²，与不添加助剂相比，变化了28.93%、65.63%、229.80%；添加倍达通助剂后，棉花冠层上、中、下部位叶片正面的雾滴密度为75.6个/cm²、78.4个/cm²、107.6个/cm²，与不添加助剂相比，变化了375.47%、172.22%、612.58%。

表5-4 不同喷雾助剂下雾滴沉积量

取样部位		22%氟啶虫胺腈 雾滴密度/(个/cm²)	沉积量/(ng/cm²)	22%氟啶虫胺腈+ND800 雾滴密度/(个/cm²)	沉积量/(ng/cm²)	22%氟啶虫胺腈+G2801 雾滴密度/(个/cm²)	沉积量/(ng/cm²)	22%氟啶虫胺腈+倍达通 雾滴密度/(个/cm²)	沉积量/(ng/cm²)
上部	正面	506.1	15.9	279.7	47.1	416.6	20.5	456.8	75.6
	背面	473.2	1.8	321.6	14.2	338.8	7.8	468.2	2.2
中部	正面	798.5	28.8	416.3	27.7	569.1	47.7	674.8	78.4
	背面	669.8	6.6	495.9	45.6	574.4	31.5	709.3	5.4
下部	正面	1 422.6	15.1	1 006.3	89.3	651.9	49.8	759.4	107.6
	背面	852.4	5.1	616.9	21.8	355.0	38.9	429.2	4.5

从叶片背面雾滴分布情况来看，不添加助剂情况下，棉花冠层上、中、下部位雾滴密度分别为1.8个/cm²、6.6个/cm²、5.1个/cm²，添加ND800助剂后，棉花冠层上、中、下部位雾滴密度分别为14.2个/cm²、45.6个/cm²、21.8个/cm²，与前者相比，变化了688.89%、590.91%、327.45%；添加G2801助剂后，棉花冠层上、中、下部位雾滴密度分别为7.8个/cm²、31.5个/cm²、38.9个/cm²，与不添加助剂相比，变化了333.33%、377.27%、662.74%；添加倍达通助剂后，棉花冠层上、中、下部位雾滴密度分别为2.2个/cm²、5.4个/cm²、4.5个/cm²，与不添加助剂相比，变化了22.22%、-18.18%、-11.76%。由此可见，添加ND800、G2801助剂对提升叶片背面雾滴密度有较显著的影响，而倍达通助剂对叶片背面雾滴沉积密度无显著影响。

5.2.2　基于喷杆喷雾机的喷雾雾滴沉积规律

试验采用悬挂式喷杆喷雾机进行，喷雾机喷雾 7 m，机具行驶速度为6.25 km/h，喷雾压力0.3 MPa。试验药剂为21%噻虫嗪SC，喷雾助剂为G1801、N380、ND600、ND800、阿法通5种，选用喷头为德国Lechler公司生产的ST110015、ST11002、ST11003标准扇形雾喷头，喷雾高度设定为300 mm、500 mm。各试验处理的参数组合方案如表5-5所示。

表5-5　悬挂式喷杆喷雾机试验方案

处理	药剂	助剂	喷头型号	喷雾高度/mm
1	21%噻虫嗪SC	G1801	ST11002	300
2	21%噻虫嗪SC	G1801	ST11002	500
3	21%噻虫嗪SC	G1801	ST110015	300
4	21%噻虫嗪SC	G1801	ST110015	500
5	21%噻虫嗪SC	N380	ST11002	300
6	21%噻虫嗪SC	N380	ST11002	500
7	21%噻虫嗪SC	N380	ST110015	300
8	21%噻虫嗪SC	N380	ST110015	500

（续表）

处理	药剂	助剂	喷头型号	喷雾高度/mm
9	21%噻虫嗪SC	ND600	ST11002	300
10	21%噻虫嗪SC	ND600	ST11002	500
11	21%噻虫嗪SC	ND600	ST110015	300
12	21%噻虫嗪SC	ND600	ST110015	500
13	21%噻虫嗪SC	ND800	ST11002	300
14	21%噻虫嗪SC	ND800	ST11002	500
15	21%噻虫嗪SC	ND800	ST110015	300
16	21%噻虫嗪SC	ND800	ST110015	500
17	21%噻虫嗪SC	阿法通	ST11002	300
18	21%噻虫嗪SC	阿法通	ST11002	500
19	21%噻虫嗪SC	阿法通	ST110015	300
20	21%噻虫嗪SC	阿法通	ST110015	500
21	21%噻虫嗪SC	—	ST11003	300
22	21%噻虫嗪SC	—	ST11003	500

5.2.2.1　喷雾参数对喷杆喷雾机雾滴沉积分布的影响

各试验处理中雾滴在棉花植株冠层间的覆盖率分布如图5-1所示，由图中曲线可知，上部叶片正面雾滴覆盖率最高的3个试验处理分别为处理13、处理19、处理11，对应的覆盖率分别为52.15%、41.83%、40.09%；雾滴覆盖率最低的3个试验处理分别为处理16、处理4、处理22，对应的覆盖率分别为5.23%、5.19%、1.85%。上部叶片背面雾滴覆盖率最高的3个试验处理分别为处理6、处理1、处理2，对应的覆盖率分别为10.56%、8.57%、8.36%；覆盖率最低的试验处理分别为处理11、处理7、处理17，对应的覆盖率分别为1.82%、1.70%、0.87%。

中部叶片正面雾滴覆盖率最高的3个试验处理分别为处理13、处理6、处理17，对应的覆盖率分别为39.42%、36.70%、30.05%；雾滴覆盖率最低的3个试验处理分别为处理4、处理1、处理22，对应的覆盖率分别为11.71%、7.88%、

7.37%。中部叶片背面雾滴覆盖率最高的3个试验处理分别为处理12、处理1、处理6，对应的覆盖率分别为10.07%、6.93%、5.29%；雾滴覆盖率最低的3个处理分别为处理5、处理17、处理19，对应的覆盖率分别为0.97%、0.86%、0.27%。

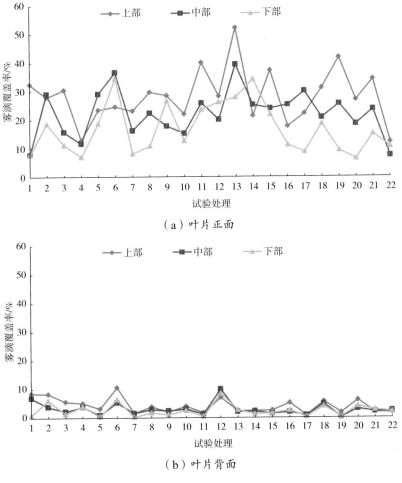

（a）叶片正面

（b）叶片背面

图5-1　喷杆喷雾机雾滴覆盖率

下部叶片正面雾滴覆盖率最高的3个试验处理分别为处理6、处理14、处理13，对应的覆盖率分别为34.51%、34.27%、28.06%；雾滴覆盖率最低的3个试验处理分别为处理1、处理4、处理20，对应的覆盖率分别为7.94%、7.10%、6.47%。中部叶片背面雾滴覆盖率最高的3个试验处理分别为处理12、处理6、处理1，对应的覆盖率分别为8.52%、6.44%、6.09%；雾滴覆盖率最低的3个处理分别为处理17、处理7、处理19，对应的覆盖率分别为0.40%、0.39%、0.36%。

5.2.2.2　喷雾助剂对喷杆喷雾机雾滴沉积分布的影响

悬挂式喷杆喷雾机的作物叶片背面的雾滴覆盖率较低。对比同一种喷雾药剂与助剂桶混条件下不同喷雾参数的雾滴覆盖率可见：添加G1801的试验处理1~4中，选用ST11002喷头、300 mm喷雾高度的处理1的雾滴在上部叶片正面、背面以及中部叶片背面的覆盖率最高，选用ST11002喷头、500 mm喷雾高度的处理2的雾滴在中部叶片正面及下部叶片正面、背面的覆盖率最高；添加N380助剂的试验处理5~8中，选用ST11002喷头、500 mm喷雾高度的处理6的雾滴在上部叶片背面、中部叶片正面背面及下部叶片正面背面的覆盖率均最高，选用ST110015喷头、500 mm喷雾高度的处理8的雾滴在上部叶片正面盖率最高；添加ND600助剂的试验处理9~12中，选用ST11002喷头、300 mm喷雾高度的处理9的雾滴在下部叶片正面的覆盖率最高，选用ST110015喷头、300 mm喷雾高度的处理11的雾滴在上部叶片正面及中部叶片正面的覆盖率最高，选用ST110015喷头、500 mm喷雾高度的处理12的雾滴在上部、中部及下部叶片背面的覆盖率最高；添加ND800助剂的试验处理13~16中，选用ST110015喷头、500 mm喷雾高度的处理16的雾滴在上部叶片背面的覆盖率最高，选用ST11002喷头、300 mm喷雾高度的处理13的雾滴在上部中部叶片正面及下部叶片的背面的覆盖率最高，选用ST11002喷头、500 mm喷雾高度的处理14的雾滴在中部叶片背面及下部叶片正面的覆盖率最高；添加阿法通助剂的试验处理17~20中，选用ST11002喷头、500 mm喷雾高度的处理18的雾滴在中部叶片背面及下部叶片正面背面的覆盖率最高，选用ST11002喷头、300 mm喷雾高度的处理17的雾滴在中部叶片正面的覆盖率最高，选用ST110015喷头、300 mm喷雾高度的处理19的雾滴在上部叶片正面的覆盖率最高，选用ST110015喷头、500 mm喷雾高度的处理20的雾滴在上部叶片背面的覆盖率最高。结合上述雾滴覆盖率分布来看，ST11002喷头的雾滴覆盖效果较好。

5.2.3　植保无人机施药在棉花生长后期的雾滴沉积规律试验

试验在新疆农业科学院植物保护研究所棉花试验田（新疆库尔勒市和什力克乡）进行，棉花品种为新陆中66号，栽植模式为一膜四行单作，膜宽1.45 m，种植密度15万~18万株/hm²，棉花生长期为后期，45~50叶，平均株高100~110 cm，叶面积指数3.152，棉花长势和田间管理均匀一致。试验机具为

MG-1P型多旋翼植保无人机，喷雾介质为助剂水溶液，并以诱惑红作为示踪剂，其中使用的助剂有倍达通、ND800、ND600、G2801、N380；选用喷头为德国Lechler公司生产的ST11001、ST110015标准扇形喷头；无人机飞行高度为2 m，飞行速度设置为3 m/s、4 m/s、5 m/s三个梯度，各试验处理中喷雾参数组合如表5-6所示。

表5-6　试验处理参数

处理	飞行高度/m	飞行速度/（m/s）	助剂
1	2	3	倍达通
2	2	4	倍达通
3	2	5	倍达通
4	2	3	ND800
5	2	4	ND800
6	2	5	ND800
7	2	3	ND600
8	2	4	ND600
9	2	5	ND600
10	2	3	G2801
11	2	4	G2801
12	2	5	G2801
13	2	3	N380
14	2	4	N380
15	2	5	N380

5.2.3.1　喷雾参数对棉花后期雾滴沉积分布影响

ST11001喷头试验的雾滴覆盖率如图5-2（a）所示，图中曲线可见，上部叶片正面雾滴覆盖率最大的3个试验处理分别为处理1、处理7、处理2，对应的覆盖率依次为5.91%、5.90%、3.44%；覆盖率最低3个试验处理分别为处理15、处理

6、处理5，对应的覆盖率依次为1.92%、2.21%、2.32%。上部叶片背面雾滴覆盖率最大的3个试验处理为：处理7、处理8，处理5，对应的覆盖率依次为2.84%、2.07%、1.72%；覆盖率最低3个试验处理分别为处理11、处理10、处理12，对应的覆盖率依次为0.63%、0.64%、0.67%。中部叶片雾滴覆盖率最大的3个处理分别为处理7、处理1、处理4，对应的覆盖率依次为3.78%、2.69%、2.38%；覆盖率最低3个处理分别为处理5、处理6、处理12，对应的覆盖率依次为0.93%、1.25%、1.32%。下部叶片雾滴覆盖率最大的3个处理分别为处理7、处理1、处理9，对应的覆盖率依次为2.22%、1.89%、1.43%；覆盖率最低的3个处理分别为处理10、处理11、处理2，对应的覆盖率依次为：0.55%、0.57%、0.67%。

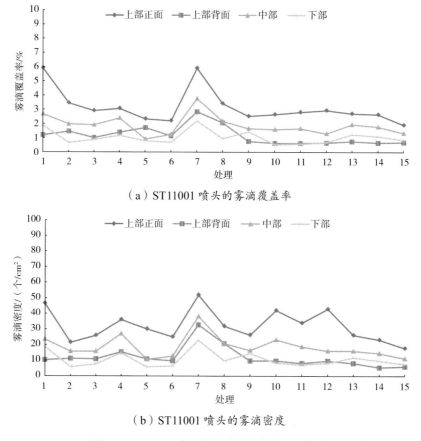

（a）ST11001喷头的雾滴覆盖率

（b）ST11001喷头的雾滴密度

图5-2　ST11001喷头的雾滴覆盖率与沉积密度

ST11001喷头试验的雾滴沉积密度如图5-2（b）所示，图中曲线可见，上部叶片正面雾滴密度最大的3个试验处理分别为处理7、处理1、处理12，对应的雾滴密度依次为52.01个/cm²、46.54个/cm²、43.14个/cm²；雾滴密度最低3个试验处理分别为处理14、处理2、处理15，对应的雾滴密度依次为23.26个/cm²、21.67个/cm²、18.02个/cm²。上部叶片背面雾滴密度最大的3个试验处理为处理7、处理8、处理4，对应的雾滴密度依次为32.74个/cm²、21.02个/cm²、15.60个/cm²；雾滴密度最低3个试验处理分别为处理11、处理15、处理14，对应的雾滴密度依次为8.33个/cm²、6.25个/cm²、5.74个/cm²。中部叶片雾滴密度最大的3个处理分别为处理7、处理4、处理1，对应的雾滴密度依次为38.29个/cm²、27.11个/cm²、23.50个/cm²；雾滴密度最低3个处理分别为：处理6、处理15、处理10，对应的雾滴密度依次为12.91个/cm²、11.34个/cm²、10.88个/cm²。下部叶片雾滴密度最大的3个处理分别为处理7、处理1、处理4，对应的覆盖率依次为22.90个/cm²、18.71个/cm²、14.93个/cm²；雾滴密度最低的3个处理分别为处理6、处理5、处理2，对应的覆盖率依次为6.75个/cm²、6.07个/cm²、6.07个/cm²。

　　ST110015喷头试验的雾滴覆盖率如图5-3（a）所示，图中曲线可见，上部叶片正面雾滴覆盖率最大的3个试验处理分别为处理7、处理4、处理13，对应的覆盖率依次为10.98%、10.68%、10.64%；覆盖率最低3个试验处理分别为处理2、处理11、处理12，对应的覆盖率依次为3.12%、2.72%、2.60%。上部叶片背面雾滴覆盖率最大的3个试验处理为处理4、处理5、处理8，对应的覆盖率依次为1.48%、1.19%、1.07%；覆盖率最低3个试验处理分别为处理9、处理12、处理2，对应的覆盖率依次为0.35%、0.30%、0.28%。中部叶片雾滴覆盖率最大的3个处理分别为处理4、处理7、处理10，对应的覆盖率依次为：4.58%、3.83%、3.52%；覆盖率最低3个处理分别为处理11、处理2、处理12，对应的覆盖率依次为1.88%、1.71%、0.93%。下部叶片雾滴覆盖率最大的3个处理分别为处理13、处理1、处理9，对应的覆盖率依次为2.39%、1.91%、1.83%；覆盖率最低的3个处理分别为处理2、处理11、处理12，对应的覆盖率依次为0.84%、0.62%、0.58%。

　　ST110015喷头试验的雾滴沉积密度如图5-3（b）所示，图中曲线可见，上部叶片正面雾滴密度最大的3个试验处理分别为处理4、处理7、处理8，对应的雾滴密度依次为69.07个/cm²、66.42个/cm²、55.27个/cm²；雾滴密度最低3个试验处理分别为处理11、处理12、处理2，对应的雾滴密度依次为24.86个/cm²、23.47个/cm²、18.79个/cm²。上部叶片背面雾滴密度最大的3个试验处理为处理5、处理4、处理1，对应的雾滴密度依次为16.17个/cm²、13.43个/cm²、13.25个/cm²；

雾滴密度最低3个试验处理分别为处理14、处理9、处理2,对应的雾滴密度依次为4.42个/cm²、3.02个/cm²、2.89个/cm²。中部叶片雾滴密度最大的3个处理分别为处理4、处理7、处理10,对应的雾滴密度依次为43.80个/cm²、32.54个/cm²、32.37个/cm²;雾滴密度最低3个处理分别为处理14、处理2、处理12,对应的雾滴密度依次为15.39个/cm²、12.38个/cm²、9.70个/cm²。下部叶片雾滴密度最大的3个处理分别为处理7、处理4、处理1,对应的覆盖率依次为20.02个/cm²、18.61个/cm²、16.93个/cm²;雾滴密度最低的3个处理分别为处理11、处理2、处理12,对应的覆盖率依次为6.79个/cm²、6.38个/cm²、5.90个/cm²。

综合ST11001与ST110015两种标准扇形雾喷头在不同喷雾参数和添加不同喷雾助剂后的雾滴覆盖率及沉积密度数据可得,当飞行速度3 m/s时,雾滴覆盖率和沉积密度效果最佳,随着飞行速度增大,雾滴覆盖率下降。

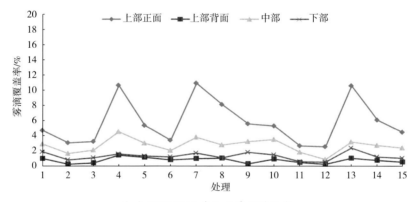

(a)ST110015喷头的雾滴覆盖率

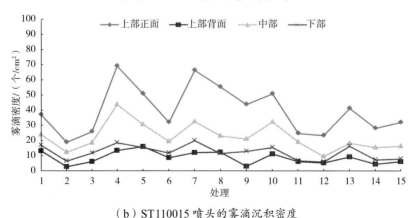

(b)ST110015喷头的雾滴沉积密度

图5-3 ST110015喷头的雾滴覆盖率与沉积密度

5.2.3.2　喷雾助剂对棉花后期雾滴沉积分布影响

用ST11001喷头并添加助剂后，各助剂对作物雾滴沉积密度均有提高作用，其中处理7（ND600助剂、3 m/s飞行速度，2 m飞行高度）的上、中、下部位正面的雾滴沉积密度分布较为均匀，效果较理想，详细试验数据如表5-7所示。

表5-7　ST11001喷头喷雾结果比较

高度/m	速度/（m/s）	助剂	覆盖率/%				雾滴密度/（个/cm^2）			
			上部		中部	下部	上部		中部	下部
			正面	背面			正面	背面		
2	3	ND600	5.90	2.84	3.78	2.22	52.01	32.74	38.29	22.90
2	3	—	0.93	0.85	2.13	1.90	12.09	6.08	23.62	21.63

5.3　棉田农药高效利用机制及调控

5.3.1　提高作物上的农药沉积量

农药的沉积与飘失是一对矛盾体。随着药液在靶标上的沉积量增加，飘失或流失的药液就会减少；飘失或流失的药液增加，沉积在靶标上的药液就减少。因此要提高作物上的农药沉积量，就需要减少药液飘失或流失（何雄奎，2012）。

大田作物喷雾时，雾滴的飘失主要分为两阶段。第一阶段主要是机具作业过程中产生的气流造成雾滴飘失，特别是细小雾滴，主要受到机具性能、喷雾高度、行进速度等参数影响，这些是操作人员可人为控制的；第二阶段主要是田间环境，包括温度、湿度、气流等对雾滴空间运行的影响，这些是操作人员无法人为控制干预的。

药液能否在靶标上稳定持留是提高农药利用率的一大关键问题。作物叶片上能承载的药液量存在饱和点，超过该饱和点，药液就会自动流失，所以饱和点也称为流失点。药液流失后作物叶片上的药液沉积量称为最大稳定持留量。最大稳定持留量与喷雾参数、喷雾方式、雾滴大小及药液理化性质有关。

在农药中添加表面活性剂，可有效降低药液的表面张力，减少雾滴与作物靶标的接触角，提高雾滴在叶片表面的润湿及铺展能力。有研究表明，添加助剂可以改善药液理化特性，提高农药的有效利用率，提升防治效果。

从作物生长期看，作物苗期的农药利用率较低，仅约15%，后期随着作物冠层增大，农药的利用率有效提高，最高可达50%左右。从叶片特征看，棉花属于阔叶作物，叶片铺展面积较大，农药的利用率比一般禾本科作物高。此外，作物不同生长期的叶片特征也有所不同，与老龄叶片相比，新叶更难以被润湿，作业叶片的生理活动也会影响药液的沉积分布。

5.3.2 针对性措施

农药剂量传递目标是在作物叶片表面形成理想的药液沉积分布，而决定药液在叶片上沉积分布最终效果的因素有雾化特性、雾滴谱、雾滴速度、叶片表面微观结构、作物冠层结构等。药液喷洒至田间后，药剂主要去向有农作物、土壤、大气。对于作物病虫害防治，希望有更多的药剂沉积在作物发生病害或虫害的部位，而尽量避免流失到空气或土壤中。

5.3.2.1 调控农药颗粒粒径

按需选择药液的雾化程度，在旋转可控雾滴喷施技术中，"ULVA+"控滴喷雾机在4 000~6 000 r/min转速下可产生100~150 μm粒径的雾滴，当转速降低至2 000 r/min时，产生的雾滴粒径增大至200~300 μm。在喷粉技术中，通常去除粉剂中10 μm以下的细小颗粒，然后做成防飘粉剂，这样可以明显降低粉剂颗粒的飘移，日本开发了适合于水稻使用的防飘喷粉技术（袁会珠，2011）。

5.3.2.2 物理化学措施

根据棉花叶片的表面特征，选择合适剂型的农药。为防止细小雾滴蒸发飘移，目前各药企研究开发了多种抗蒸发助剂，可以减小雾滴在沉降过程中由于水分蒸发而导致的粒径减小现象。抗蒸发助剂主要是一类表面活性物质，能够在雾滴的表面形成一层延缓水分蒸发的分子膜。

5.3.2.3 植株冠层结构、叶片倾斜角对农药雾滴沉积分布的影响

茂密封闭的作物冠层结构，叶面积系数较大，农药雾滴与叶片表面接触概率大，农药的有效利用率较高；稀疏开放的冠层，叶面积系数较小，雾滴与叶片表面接触概率降低，易发生药液的流失。田间喷雾时，喷洒的农药剂量应根据植株

冠层三维结构来确定。高速摄影结果表明，叶片倾斜角对雾滴在叶片上的持留特性没有影响，低容量喷雾时叶片倾斜角对雾滴的沉积量无明显的影响。由于雾滴之间的扩散并聚，以及雾滴在已润湿叶片表面的弹跳现象，在运用大容量喷雾时，叶片倾斜角与沉积量程序负相关特性，叶片倾斜角越大，沉积量越小，叶片倾斜角越小，越接近平行与地面时，药液的沉积量越大。由于植物的根压和叶片膨压一般在日出前后达到高峰，下午达到低谷，因此叶片一般在日出前后及下午分别呈现坚挺和平展状态，倾斜角分别达到最大值和最小值。因而若采用常规大容量施药法，应选择下午进行，有利于药液的沉积；若采用低容量施药方法，应选择清晨时间段，有利于增加雾滴在冠层的穿透性。

5.3.2.4　改进施药器械和施药技术

发达国家的农药利用率较高，关键在于研发了新型施药器械及先进的施药技术。其代表性技术有防飘施药技术、静电喷雾技术、循环喷雾技术、低容量喷雾技术、计算机扫描施药技术等，从而达到精准、定向对靶、农药回收的目的。这些先进施药器械及技术可大大提高农药的利用率。例如，运用循环式喷雾装备，农药的利用率可达90%以上；防飘喷雾装备可减少农药飘移量达70%以上；新型射流防飘移喷头可使农药的利用率达90%以上。除此之外，在施药技术方面也进行了创新，采用低容量喷雾技术，每公顷仅需100～200 L药液，可大大节省农药使用剂量，提高农药利用率。

结合棉花病虫害防治需求，选用合适的施药器械与喷雾参数，满足生物最佳粒径，提高农药有效利用率。考虑到农药雾滴蒸发和控制小雾滴飘移问题，对于运用杀虫剂喷雾防治害虫，可采用10～50 μm粒径的雾滴进行飞行成虫的防治，有利于害虫在飞行过程中捕获细小的雾滴；对于运用杀菌剂进行喷雾，多以植物叶片为施药对象，农药雾滴粒径以30～150 μm最佳；运用除草剂进行喷雾时，需要克服雾滴飘移的风险，因此，雾滴的最佳粒径范围为100～300 μm。

（1）吊杆式喷雾

吊杆通过软管连接在横杆下方，作业时，吊杆因自重下垂，当行间有枝叶阻挡时，可自动倾斜，避开对作物的损伤。吊杆间距可根据作物行距调整，吊杆下部喷头方向可任意调整。在进行喷雾作业时，吊杆形成"Π"型，在植株的上下部位及叶片正反面均匀附着药液。此外，还可根据作物生长情况，用堵头堵住部分喷头，以节约药液使用剂量，适用于不同生长期棉花的病虫害防治作业。

（2）气流辅助式喷雾

气流式辅助式喷雾技术是减少飘移和改善靶标药液分布的主要措施。气流式辅助喷雾利用风机产生的强力气流作用于喷头，增加了雾滴速度和穿透性，改变了雾滴运动轨迹，或者气流在喷头前部或后部形成风幕，利用气流动能将雾滴吹送到靶标上，并改善药液雾化及穿透性，降低雾滴飘移。气流辅助喷雾技术能够有效提高雾滴在冠层间的穿透性，减少飘移，适用于棉花中后生长期防治。

第6章 　马铃薯晚疫病防控农药损失规律及高效利用机制

马铃薯晚疫病是马铃薯的主要病害之一，是由致病疫霉引起、发生于马铃薯的一种病害。此病主要危害马铃薯茎、叶和块茎，也能够侵染花蕾、浆果。该病在中国中部和北部大部分地区发生普遍，其损失程度因各地气候条件不同而异。在适宜病害流行的条件下，植株提前枯死，可造成20%～40%的产量损失。由于抗病品种的推广使用，减轻了病害的危害，但流行年份造成的损失仍然很大。早晚雾浓露重或阴雨连绵的天气，有利于病害发生，气温在10～25℃、空气相对湿度在75%以上为病害流行条件；地势低洼，植株过密，偏施氮肥，田间相对湿度过大或植株生长衰弱等，均有利于此病发生。

6.1　晚疫病为害部位及症状

晚疫病发生在马铃薯的叶、茎和薯块上。叶片发病，起初造成形状不规则的黄褐色斑点，没有整齐的界限。气候潮湿时，病斑迅速扩大，其边缘呈水渍状，有一圈白色霉状物，在叶的背面，长有茂密的白霉，形成霉轮，这是马铃薯晚疫病的特征。在干燥时，病斑停止扩展，病部变褐变脆，病斑边缘亦不产生白霉。诊断方法，可取带有病斑的叶子，把叶柄插在碗内的湿沙里，上盖一空碗以保持湿润。如果是晚疫病，经一夜就会在病斑的边缘上出现白霉，挑出少许白霉用显微镜观察鉴定。

茎部受害，初呈稍凹陷的褐色条斑。气候潮湿时，表面也产生白霉，但不及叶片上的繁茂。薯块受害发病初期产生小的褐色或带紫色的病斑，稍凹陷，在皮下呈红褐色，逐渐向周围和内部发展。土壤干燥时病部发硬，呈干腐状；而在黏重多湿的土壤内，常有杂菌从病斑侵入繁殖，造成薯块软腐。在贮藏中的带病薯块，由于窖内温湿度的影响和杂菌的侵染，也可能转为干腐和湿腐。

6.2 晚疫病流行规律

6.2.1 气象因素

病害的发生与流行，与气候条件和马铃薯的生育阶段都有密切的关系。一般空气潮湿、温暖而阴沉的天气，早晚露重，在经常阴雨的情况下，最易发病。中国大部分马铃薯栽培地区的温度，都适于晚疫病发生，因此，湿度对病害发生起决定的作用。如雨水少，空气湿度不足，病害就可能不发生或者发生轻微，而相对度在75%以上的潮温气候发病重。在中国华北、西北及东北等地区，马铃薯多春播秋收，7月的雨量影响病害很大，如雨季来得早，雨量又多，病害就发生得早而重。长江流域各省，一年栽两季，在第一季正遇梅雨，病害常严重发生。

根据气候特点和马铃薯的生育阶段与病害的关系，可以预测发病情况。在中心病株出现后，病害的蔓延速度，主要取决于当地的气候条件和品种抗病力的强弱。根据各地观察，在温湿度适于病害发展和种植感病品种的条件下，经过10~14 d，才可以传播到全田的每个植株。

6.2.2 品种因素

不同品种对晚疫病的抗病力有很大差异，病害流行程度取决于品种的抗病性强弱。一般叶片平滑宽大、表面气孔数目多，叶色黄绿，匍匐型的品种，容易感病，叶片小而茸毛多，叶肉厚，颜色深绿的直立型品种，比较抗病。病菌在感病品种上产生孢子囊的数量大，发病时间早，蔓延传播快，易暴发成灾。寄主在田间以芽期最易感病，后抗病力逐渐增强，到现蕾期抗病力又下降，开花期感病最重，病害流行也多从开花期开始。

6.2.3 栽培管理因素

晚疫病的发生与田间管理水平有很大关系，地势低洼、排水不良的田块，发病较重；土壤瘠薄缺氧或黏重土壤，使植株生长衰弱，有利于病害发生；过分密植或株型高大，可增加田间小气候湿度，有利于发病；偏施氮肥引起植株徒长，有利于发病，增施钾肥可提高植株抗病性减轻病害发生；旱地比水旱轮作稻田发病重，连作田块（与番茄等茄科作物轮作地块）比轮作田块发病重。

6.3　马铃薯晚疫病防治试验

6.3.1　试验方法与设计

试验地点位于甘肃省渭源县，试验机具为3WZ-7动力喷雾机（山东华盛农业药械有限责任公司），试验药剂为嘧菌酯，助剂为NF100及ND600，试验条件及作物、机具参数如表6-1所示，试验中药液配比及施药方式如表6-2所示。

表6-1　试验条件及参数

参数类别	参数	值
机具	药箱容积/L	25
	喷雾压力/MPa	2.5
	流量/（L/min）	≥9
气象	温度/℃	20 ~ 22
	湿度/%	55 ~ 60
	风速/（m/s）	1.5 ~ 2
作物参数	种植方式	垄作
	作物株高/cm	70 ~ 110
	垄距/cm	100
	行距/cm	50

表6-2　药液配比及施药方式

处理	药液配比	施药方式	试验时段
1	嘧菌酯（无助剂）	摆动喷杆	中午
2	嘧菌酯（0.1%NF100）	摆动喷杆	
3	嘧菌酯（无助剂）	固定喷杆	
4	嘧菌酯（0.1%NF100）	固定喷杆	
5	嘧菌酯（0.17%ND600）	摆动喷杆	
7	嘧菌酯（0.17%ND600）	固定喷杆	
6	嘧菌酯（无助剂）	摆动喷杆	下午
8	嘧菌酯（无助剂）	固定喷杆	
10	嘧菌酯（0.1%NF100）	摆动喷杆	

（续表）

处理	药液配比	施药方式	试验时段
12	嘧菌酯（0.1%NF100）	固定喷杆	
14	嘧菌酯（0.17%ND600）	摆动喷杆	下午
16	嘧菌酯（0.17%ND600）	固定喷杆	
9	嘧菌酯（无助剂）	摆动喷杆	
11	嘧菌酯（0.1%NF100）	摆动喷杆	
13	嘧菌酯（0.1%NF100）	固定喷杆	早上
15	嘧菌酯（0.17%ND600）	摆动喷杆	
17	嘧菌酯（0.17%ND600）	固定喷杆	
18	嘧菌酯（无助剂）	固定喷杆	

6.3.2 试验结果与分析

6.3.2.1 药液沉积量

将收集的各采样点滤纸放入10 mL蒸馏水中，浸泡3～4 h，使滤纸上的诱惑红示踪剂在蒸馏水中充分析出。用移液器吸取一定量洗脱液注入比色皿，放入分光光度计测算洗脱液吸光度，并换算成诱惑红在滤纸上的沉积量，6个试验处理中，叶片正反面的药液沉积量分布如图6-1所示。

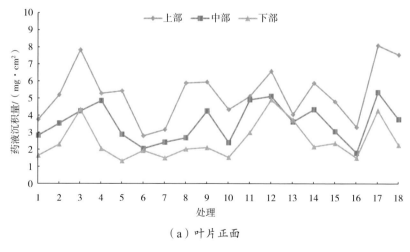

（a）叶片正面

图6-1　药液沉积量

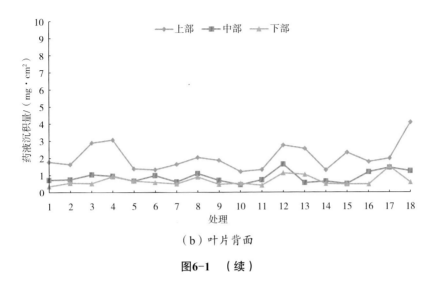

（b）叶片背面

图6-1　（续）

　　图6-1数据表明：叶片正面，上层叶片沉积量最高的3个试验处理分别为处理17、处理3、处理18，分别为8.089 mg/cm²、7.838 mg/cm²、7.554 mg/cm²；最低的3个处理分别为处理6、处理7、处理16，分别为2.787 mg/cm²、3.163 mg/cm²、3.325 mg/cm²。中层叶片沉积量最高3个试验处理分别为处理17、处理12、处理11，分别为5.332 mg/cm²、5.111 mg/cm²、4.923 mg/cm²；最低的3个处理分别为处理16、处理6、处理10，分别为1.803 mg/cm²、2.055 mg/cm²、2.4 mg/cm²。下层叶片沉积量最高3个试验处理分别为处理12、处理3、处理17，分别为4.908 mg/cm²、4.356 mg/cm²、4.281 mg/cm²；最低的3个处理分别为处理5、处理7、处理16，分别为1.352 mg/cm²、1.515 mg/cm²、1.524 mg/cm²。

　　叶片背面，上层叶片沉积量最高的3个试验处理分别为处理18、处理4、处理3，分别为4.079 mg/cm²、3.067 mg/cm²、2.873 mg/cm²；最低的3个处理分别为处理10、处理14、处理6，分别为1.202 mg/cm²、1.272 mg/cm²、1.297 mg/cm²。中层叶片沉积量最高3个处理分别为处理12、处理17、处理18，分别为1.614 mg/cm²、1.422 mg/cm²、1.232 mg/cm²；最低的3个处理分别为处理10、处理15、处理13，分别为0.414 mg/cm²、0.476 mg/cm²、0.541 mg/cm²。下层叶片沉积量最高的3个处理分别为处理17、处理12、处理13，分别为1.481 mg/cm²、1.105 mg/cm²、1.012 mg/cm²；最低的3个处理分别为处理1、处理11、处理15，分别为0.346 mg/cm²、0.388 mg/cm²、0.440 mg/cm²。

6.3.2.2 雾滴覆盖率

将各采样点上的水敏纸经扫描仪扫描处理后，导入DepositeScan分析软件，分析计算出水敏纸上雾滴覆盖率，如图6-2所示。

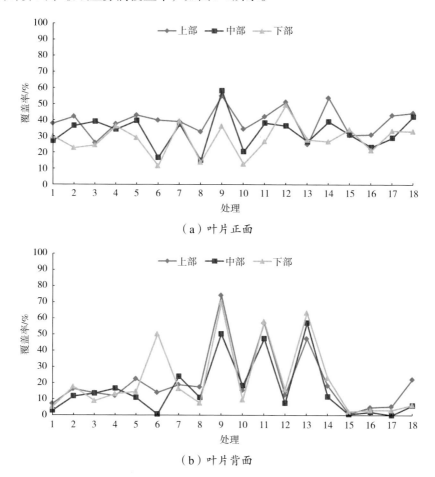

（a）叶片正面

（b）叶片背面

图6-2 雾滴覆盖率

图6-2数据表明：叶片正面，上层叶片覆盖率最高的3个试验处理分别为处理9、处理14、处理12，分别为55.19%、54.09%、51.32%；最低的3个处理分别为处理13、处理15、处理16，分别为25.18%、30.90%、31.24%。中层叶片覆盖率最高3个试验处理分别为处理9、处理18、处理5，分别为58.29%、42.33%、39.72%；最低的3个处理分别为处理8、处理10、处理16，分别为15.10%、20.56%、23.52%。下层叶片覆盖率最高3个试验处理分别为处理12、处理7、处

理9，分别为49.36%、39.36%、36.21%；最低的3个处理分别为处理10、处理8、处理16，分别为12.70%、13.85%、21.29%。

叶片背面，上层叶片覆盖率最高的3个试验处理分别为处理9、处理11、处理13，分别为74.23%、57.30%、47.42%；最低的3个处理分别为处理15、处理16、处理17，分别为0.93%、4.81%、5.30%。中层叶片覆盖率最高3个试验处理分别为处理13、处理9、处理11，分别为57.05%、50.44%、47.42%；最低的3个处理分别为处理6、处理12、处理8，分别为0.57%、7.50%、10.95%。下层叶片覆盖率最高3个试验处理分别为处理9、处理13、处理11，分别为69.68%、63.51%、58.04%；最低的3个处理分别为处理15、处理17、处理16，分别为2.22%、3.05%、3.20%。

6.3.2.3　农药有效利用率

根据《植物保护机械　通用试验方法》JB/T 9782—2014中5.8.3"农药有效利用率测定方法"，洗脱植株叶片表面的示踪剂，测算农药的有效利用率，结果如表6-3所示。

表6-3　试验处理的农药有效利用率

处理	示踪剂回收量/g	施药量/L	示踪剂用量/g	农药有效利用率/%
1	5.61	4.50	22.50	24.94
2	8.50	4.50	22.50	37.78
3	8.41	4.93	24.65	34.13
4	8.12	4.93	24.65	32.94
5	8.82	4.50	22.50	39.19
6	8.51	4.50	22.50	37.84
7	7.97	4.93	24.65	32.32
8	11.23	4.93	24.65	45.57
9	5.04	4.50	22.50	22.41
10	3.98	4.50	22.50	17.70
11	8.65	4.50	22.50	38.45
12	5.89	4.93	24.65	23.91

（续表）

处理	示踪剂回收量/g	施药量/L	示踪剂用量/g	农药有效利用率/%
13	7.60	4.93	24.65	30.84
14	5.06	4.50	22.50	22.49
15	9.18	4.50	22.50	40.80
16	8.37	4.93	24.65	33.94
17	7.76	4.93	24.65	31.48
18	10.28	4.93	24.65	41.71

　　表6-3中数据结果表明：农药有效利用率最高的3个试验处理分别为处理8、处理18、处理15，利用率分别为45.57%、41.71%、40.80%；利用率最低的3个试验处理分别为处理10、处理9、处理14，利用率分别为17.70%、22.41%、22.49%。

第7章　农药雾化参数影响因素及优化

影响农药雾化参数主要包括雾滴粒径、雾滴谱及雾滴初速度，是影响药液沉积、飘移、流失的重要因素。本章讨论上述3个雾化参数在液力雾化、离心雾化、气力雾化3种雾化方式中的影响因素及优化措施。

7.1　液力雾化影响因素及参数优化

药液在喷嘴特殊构造的管路内承受压力而分散成雾滴喷出的雾化形式称为液力雾化，相应的，这类喷头成为液力雾化喷头。其工作原理为，药液受压后形成液膜，由于液膜内部的不稳定，液膜离开喷头与空气撞击后，破裂形成细小雾滴。液力雾化通常是高、中容量喷雾采用的喷雾方式，其操作简便、雾滴粒径较大、飘移少，适用于各类农药的施用。最常用的液力雾化施药装备主要有背负式（电动、手动）喷雾器、自走式喷杆喷雾机等机具（袁会珠，2021）。

7.1.1　液力雾化分类

目前，我国对液力喷头定义为具有小孔的零件或组件，液体在压力作用下通过小孔而形成雾流，因其使用普遍，通常简称为喷头。液力雾化系统通常由喷管、胶管、套管、开关及喷头等部件组成，喷管通常由钢管或黄铜管制造，一端通过套管和胶管与排液管连接，另一端安装喷头。套管内设有过滤网，开关由开关芯和开关壳组成，用于控制药液通断。液力雾化喷头根据其雾形可以分为扇形喷头和圆锥喷头两大类，如图7-1所示。

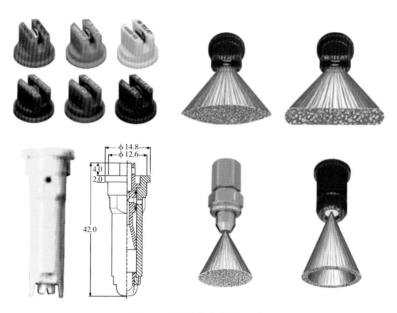

图7-1　不同液力雾化喷头

7.1.1.1　圆锥雾喷头

圆锥雾喷头利用药液涡流产生的离心力将药液雾化成雾滴，也是目前喷雾器上最广泛应用的喷头之一。圆锥雾喷头工作原理因不同内部构造而有所差异，当基本原理均是使药液在喷头内绕孔轴线旋转。药液离开喷头后，失去了喷头壁给的向心力，此时药液受到旋转离心力的作用，沿直线向四周发散，并与原来的运动轨迹相切，即与一个圆锥面相切，该圆锥面的锥心与喷孔轴线重合，因此形成空心的圆锥体。

（1）切向进液式喷头

切向进液式喷头（图7-2）由喷头帽、喷孔片和喷头体组成。喷头体除两端的连接螺纹外，内部由锥体芯与旋水室、进液斜孔组成。喷孔片中心有一个喷孔，用喷头帽将喷孔片固定于喷头体上。当高压药液进入喷头的切向进液管孔后，药液以高速流入涡流室并围绕锥体芯作高速旋转运动。由于斜孔与涡流室圆柱面相切，且与圆锥面母线成斜角，因此液流呈现螺旋式运动，同时又向喷孔运动。由于旋转运动所产生的离心力与喷孔内外压差联合作用，药液通过喷孔喷出后向四周发散，形成旋转液流薄膜空心圆锥体，呈现空心圆锥雾状态。该喷头特点为：当喷雾压力增大时，喷雾量增大，喷雾角也随之增大，同时雾滴越细，当喷雾压力增加到一定值后，此现象反而不显著；反之当喷雾压力降低时，情况相反，压力下降到一定值后，喷头就不起作用。在压力不变的情况下，增加喷孔孔径和喷雾量可增大喷雾锥角，但喷孔孔径增大到一定值后，喷雾锥角就不明显，这时雾滴粒径增大，射程增加；反之，减小喷孔孔径可降低喷雾量，减小喷雾锥角，雾滴粒径减小，射程缩短。

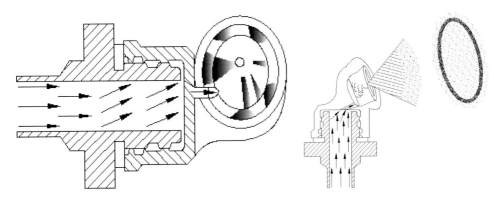

图7-2　切向进液式喷头

（2）旋水芯式喷头

旋水芯式喷头（图7-3）由喷头体、旋水芯和喷头帽等组成，喷头帽上有喷孔，旋水芯上有截面为矩形的螺旋槽，其端部与喷头帽之间有一定间隙，称为涡流室。其雾化原理为：喷出的液膜破裂成丝状，再进一步破裂，形成雾滴。当高压药液进入到喷头并经螺旋槽涡流芯时，作高速旋转运动，流入涡流室后便沿着螺旋槽方向作切线运动，在离心力作用下，药液从喷孔高速喷出，并与空气碰撞形成空心圆锥雾。

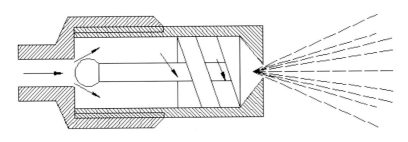

图7-3　旋水芯式喷头

由于压力和孔径不同，形成的雾滴粗细、射程远近、雾形锥角大小等也相应有所不同，调节加深涡流室深度，雾滴粒径就增大，雾形锥角减小，射程增加。

7.1.1.2 扇形雾喷头

随着除草剂的使用，扇形雾喷头已在国内外得到广泛应用。这类喷头一般由黄铜、不锈钢、塑料或陶瓷等材料制成。根据雾形，常用的扇形雾喷头可分为标准扇形雾喷头、均匀扇形雾喷头、偏置式扇形雾喷头等（图7-4）；根据喷嘴形状可分为狭缝式喷头、撞击式喷头。

标准扇形雾喷头　　　　　均匀扇形雾喷头　　　　　偏置式扇形雾喷头

图7-4　扇形雾喷头

（1）狭缝式喷头

狭缝式喷头雾化原理是当药液进入喷嘴后，从圆形喷孔中喷出，药液受到切槽楔面挤压延展形成平面液膜，在喷嘴内外压差作用下，液膜扩散变薄，逐渐撕裂成细丝状，最后破裂形成雾滴，同时又与空气撞击进一步细化成细小雾滴，其雾形分布呈现狭长椭圆形。国际上已将此类喷头列为标准化系列喷头，广泛应用于各种机动喷雾机或手动喷雾器上。

近年来，主要用于除草剂喷施的大型喷杆喷雾机在我国东北、华北等地区开始大面积应用，为了提高机具喷雾作业质量，国产大型喷杆喷雾机上都已配置了各类进口喷头，而应用最多的就是扇形雾喷头。为了改善药液在作物冠层间的沉积分布，国外研发了一种双扇面均匀雾喷头（图7-5），双扇面均匀雾扇形喷头因雾滴运动有两个方向，增加了雾滴在作物冠层的穿透力，用于作物后期施药防治，效果优于标准扇形雾喷头。

图7-5　双扇面均匀雾喷头

如图7-6所示，扇形雾喷头的喷雾角度、喷雾高度与雾滴覆盖范围密切相关，喷雾角度越大、喷雾高度越大、雾滴在靶标上的覆盖范围就越大，因此，喷头在喷杆上的安装间距取决于喷雾角度和喷雾距离。

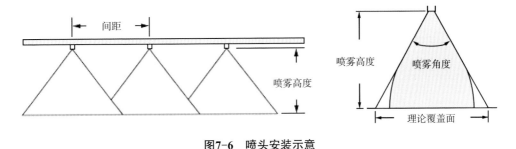

图7-6　喷头安装示意

理论喷雾覆盖面与喷雾角度、喷雾高度间的对应关系可由式（7-1）计算所得。

$$L = 2H \tan \frac{\alpha}{2} \qquad\qquad (7\text{-}1)$$

式中：L 为理论覆盖面，mm；H 为喷雾高度，mm；α 为喷雾角，°。

式（7-1）的数值条件是假设整个喷雾过程中喷雾角度保持不变，但在实际操作中，喷雾角度不会长时间维持不变。

扇形雾喷头的雾流呈现倒"V"形状的狭窄椭圆形，中心部分雾滴较多，两侧雾滴较少，通过设置喷雾高度和喷头间距，可使相邻喷头雾流合理重叠，在喷幅内获得较均匀的雾滴分布。对于苗带喷雾适合采用均匀扇形雾喷头，雾流中间与两边雾滴数量一致，因此，不需要通过雾流叠加即可在喷幅内获得均匀的雾量分布。

（2）撞击式喷头

撞击式喷头也是一种扇形雾喷头，药液从收缩的圆锥孔喷出，沿着与喷孔中心垂直的扇形平面延展，形成扇形液面。撞击式喷头喷雾量大，雾滴较粗，飘移少，适合喷施除草剂。

7.1.2　液力雾化性能的影响参数

在风洞可控环境下，对喷雾压力、喷雾高度与喷雾流量等影响喷雾粒径分布的主要因素开展正交试验分析。试验选用德国Lechler公司的ST11001、

ST11002、ST11003标准扇形喷头，试验药剂为12.5%苯醚甲环唑EC的1 200倍稀释液，通过试验风洞的升降机构与空气压缩机进行喷雾高度和喷雾压力的调控，采用激光粒度仪进行雾滴粒谱数据的采集。如表7-1所示。

表7-1　不同喷雾参数对12.5%苯醚甲环唑EC雾化粒径跨度正交试验

处理	影响因素			
	喷头型号	喷雾高度/mm	喷雾压力/MPa	雾滴粒谱跨度
1	ST11001	300	0.2	1.27
2	ST11001	500	0.3	1.52
3	ST11001	600	0.5	1.65
4	ST11002	300	0.3	1.49
5	ST11002	500	0.5	1.42
6	ST11002	600	0.2	1.23
7	ST11003	300	0.5	2.04
8	ST11003	500	0.2	1.32
9	ST11003	600	0.3	1.44
K_{1j}	4.44	4.8	3.82	
K_{2j}	4.14	4.26	4.45	
K_{3j}	4.8	4.32	5.11	
极差R_j	0.66	0.54	1.29	

由表7-2方差分析可知，各喷雾因素对标准扇形喷头对苯醚甲环唑药液雾滴粒径分布跨度的显著性影响顺序由高到低依次为喷雾压力>喷雾流量>喷雾高度，其中最优组合为：0.2 MPa喷雾压力，600 mm喷雾高度，ST11002喷头，该组合下测得的雾滴谱跨度最小。

表7-2　不同喷雾参数对苯醚甲环唑药液雾滴粒径跨度方差

项目	离差平方和	自由度	S_i均方和	F值	临界值	显著性
喷雾流量	0.072 8	2	0.036 4	1.00	$F_{0.05}(2,2)=19$	
喷雾高度	0.058 4	2	0.029 2	0.80	$F_{0.1}(2,2)=9$	
喷雾压力	0.277 4	2	0.138 7	3.82	$F_{0.25}(2,2)=3$	*
误差SE	0.072 6	2	0.036 3			
总和	0.481 2	8				

注：*表示差异显著（$P<0.05$）。

7.2　离心雾化影响因素及优化

7.2.1　离心雾化研究现状

目前，离心雾化方式使用较多的主要是转盘式和转笼式两种。转盘式的离心雾化器在相同条件下，转速越高，产生的离心力越大，雾化产生的粒径越小细小，因此较大直径的雾化盘能得到较理想粒径的雾滴，同时雾滴粒径分布跨度与流量有关，当药液流量较小且雾化器转速较高时，产生的雾滴粒谱分布较窄，当流量增大而雾化盘转速降低时，雾滴粒谱就不断接近压力雾化喷头，此外，雾化器的构造，即边缘是否带有雾化齿、齿数、齿形等也会对雾滴粒径及分布产生影响。转笼式离心雾化器的转速、直径、丝网目数、药液流量等是影响雾滴粒径及分布的主要因素。转笼设计转速应大于6 000 r/min，配置不同目数的丝网才可有足够的离心力满足雾化要求，选择较大直径的雾化转笼和合适目数的丝网，可显著提高雾化效果。

7.2.2　离心雾化器结构及工作参数的影响

研究表明，离心雾化器的结构、转速、流量是影响药液雾化性能的主要因素。基于离心雾化试验台，实现雾化器转速调控、药液流量调控，同时，可更换多种结构的雾化盘。此外，同时可运用高速摄影技术、激光粒度分析技术等方法研究各因素对雾化性能的影响。

7.2.2.1 雾化盘齿数对雾化分散性能影响

试验设计了7个不同齿形和齿数的离心雾化盘，分别为：处理1，楔形齿，齿数120；处理2，半圆柱齿，齿数45；处理3，光盘（无雾化齿）；处理4，楔形齿，齿数60；处理5，半圆柱齿，齿数90；处理6，楔形齿，齿数30；处理7，楔形齿，齿数15。如图7-7所示。

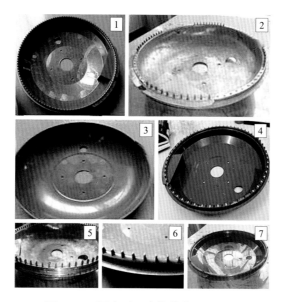

图7-7 不同齿形、齿数的离心雾化盘

对上述7种离心雾化器进行雾滴粒径跨度测量，试验设定雾化盘转速为1 500 r/min，测定该转速下的雾滴体积中值粒径D_{50}和粒径跨度（$D_{90}-D_{10}$）/D_{50}，取3次试验重复数据计算平均值，如表7-3所示。

表7-3 7种雾化盘的雾滴体积中值粒径和雾滴谱跨度

水平（齿数）	D_{50}/μm			平均值/μm	（$D_{90}-D_{10}$）/D_{50}			平均值
A_1（120）	87.4	87.4	82.3	85.7	0.97	0.61	0.59	0.72
A_2（90）	90.6	95.9	83.1	89.9	0.98	1.07	0.87	0.97
A_3（60）	96.4	89.2	84.2	89.3	1.56	1.57	1.53	1.55
A_4（45）	90.2	92.8	92.9	92.0	1.56	1.54	1.55	1.55
A_5（30）	98.1	89.6	89.3	92.3	0.73	0.91	0.94	0.86
A_6（15）	103.7	98.1	89.1	97.0	0.97	1.10	0.92	1.00
A_7（0）	321.6	185.7	165.2	224.2	0.95	1.64	1.87	1.49

给定 α=0.05，查 F 分布表可知 $F_{0.05}$（6，14）=2.85，又由于计算出 $F_{D_{50}}$=7.23，$F_{(D_{90}-D_{10})/D_{50}}$=8.89，均大于 $F_{0.05}$（6，14）。由此可见齿形对雾滴粒径的影响显著性一般。由表7-4可知，若把齿形作为影响因素时，雾滴体积中值粒径均值从大到小排列顺序为：光盘>半圆柱形齿>楔形齿；雾滴粒谱宽度从大到小顺序排列为：半圆柱形齿>光盘>楔形齿。若把齿数作为影响因素时，同种齿形下，雾化盘齿数越多，雾滴体积中值直径越小，同样雾滴粒谱宽度也越小，雾化盘齿数越少，雾滴体积中值粒径越大，同样雾滴粒谱宽度也越大，因而齿数对雾滴粒谱影响较为显著。因此，无论雾化盘齿形是楔形、圆柱形或其他形，对雾滴粒径均无显著的影响，但同转速条件下，无雾化齿的雾滴粒径分布远差于有齿情况，可见雾化齿有助于提高离心雾化器低转速条件下的雾化质量。

表7-4　单因素方差分析

方差来源	$D_{50}/\mu m$					$(D_{90}-D_{10})/D_{50}$				
	平方和	自由度	F值	显著性	均值比较	平方和	自由度	F值	显著性	均值比较
因素A	45 873.1	6				2.40	6			
误差E	14 788.3	14	7.23	<0.000 1**	$A_7>A_6>A_5>$ $A_4>A_3=A_2>A_1$	0.64	14	8.89	<0.000 1**	$A_3=A_4>A_7>$ $A_6>A_2>A_5$ $>A_1$
总和T	60 661.4	20				3.04	20			

7.2.2.2　转速对雾化分散性能影响

试验所用雾化盘为楔形齿，齿数为120且均匀分布，雾化试验台液泵流量为 0.6 L/min，雾化盘转速分别为600 r/min、900 r/min、1 200 r/min、1 500 r/min、1 800 r/min、2 100 r/min、2 400 r/min、2 700 r/min 8个试验梯度。在上述雾化盘转速下，用高速摄影机记录雾化盘边缘药液雾化形成的雾滴图像，如图7-8所示。

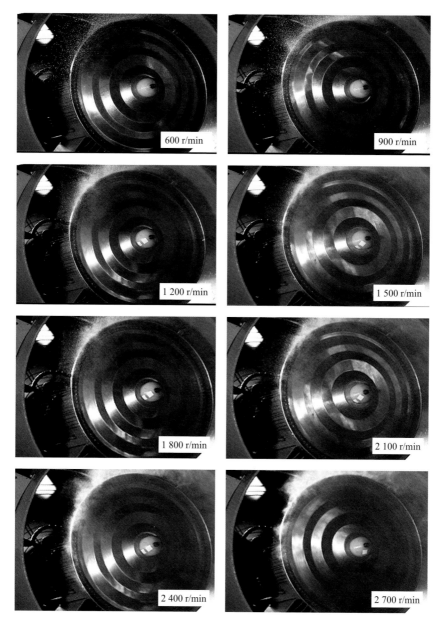

图7-8 离心雾化过程的高速摄影图像

由图7-8可以看出，雾化转盘转速在600 r/min时药液未充分雾化，900 r/min、1 200 r/min时雾化质量仍不理想，有大量大雾滴的存在，不能在作物上形成有效沉积，不仅影响防效，还会造成农药流失。由高速摄影分析系统可看出药液完整雾化过程，即药液在雾化转盘高速旋转产生的离心力的作用下，被抛向雾化转盘的边缘先形成液膜，在接近或达到边缘后分裂成液丝，再呈点状抛甩出，与空气撞击后形成雾滴，雾滴再与雾化齿盘上的雾化齿撞击破碎，形成更细小的雾滴。

7.2.2.3　流量对雾化分散性能影响

采用激光粒度仪对不同流量下的离心雾化雾滴粒径进行数据采集及分析。液泵流量设置为0.3 L/min、0.5 L/min、0.7 L/min 3个试验梯度，雾化盘为楔形齿，齿数120，均匀分布，试验雾化盘转速为3 000 r/min，并在雾化器出口，及距离雾化器1 m、3 m位置处的雾滴体积中值粒径如图7-9所示。

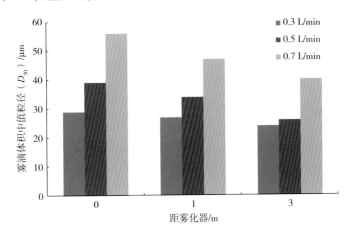

图7-9　不同流量下雾滴体积中值粒径分布

图7-9表明，该转速下，随着流量增加，离心雾化器出口位置处雾滴平均粒径增大，在0.3 L/min流量下，雾滴平均粒径为29 μm，流量达到0.7 L/min时，雾滴平均粒径增加到56 μm。液泵的流量直接影响雾滴粒径大小，随着流量增大，雾滴粒径也随之增大，当流量过大时，形成液膜，药液雾化不充分，产生的雾滴谱较宽，形成大量无效雾滴。

7.2.2.4　影响因素互作效应

试验以雾化盘转速（X_1）、齿盘齿数（X_2）2个主要影响因素为自变量，采用二因素五水平二次回归正交试验方案，根据Design-Expert8.0.6设计原理，以雾滴体积中径D_{50}（Y_1）、雾滴粒谱跨度（$D_{90}-D_{10}$）/D_{50}（Y_2）作为考核指标，开展响应面试验，对雾滴粒径和雾滴谱跨度的二次回归分析，利用响应面分析法探究各因素间的交互作用，如图7-10、图7-11所示。

由图7-10可知，雾化齿盘齿数越多雾滴体积中值粒径就越小，雾化转盘转速越大雾滴体积中值粒径就越小。分析原因可知，当雾化齿盘齿数较多的时候药液被转盘甩出后跟齿盘上的雾化齿撞击更充分，药液被雾化更完全，所以雾滴更细，雾滴体积中值直径的值更小；同等结构参数下，雾化转盘转速越大，雾化转盘的离心力就越大，使得被雾化转盘雾化抛出的雾滴具有较大的初始动能，撞击雾化齿的作用力就越大，从而使得二次雾化更完全，所以同等结构参数条件下，转速越高，产生的雾滴越细，雾滴体积中值直径越小。图中可以看出，雾化齿盘齿数为0时（即雾化齿盘无雾化齿），雾滴体积中值粒径更大，相应二次响应面的坡度与前面相比更陡，所以无雾化齿的低速离心雾化器产生的雾滴体积中值粒径受雾化转盘的转速大小影响更显著。

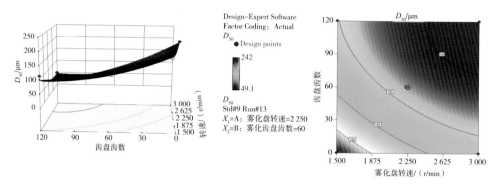

图7-10 各因素互作效应对雾滴体积中值粒径的影响

各因素交互作用对雾滴粒谱宽度值的响应面曲线如图7-11所示，相同雾化齿盘齿数的雾化器雾化转盘转速越大，雾滴粒谱宽度越窄，即雾滴粒径分布越均匀；相同雾化转盘转速条件下，雾化齿盘齿数越多，雾滴粒谱宽度先变宽后变窄，二次响应面为鞍形，没有雾滴体积中值直径和雾滴粒谱宽度的极值。

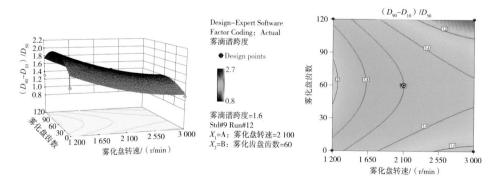

图7-11 各因素互作效应对雾滴谱跨度分布的影响

7.3　气力雾化影响因素及优化

气力雾化是利用高速气流对药液的拉伸作用使药液雾化分散的一种方式。气力雾化的主要方式有内混式和外混式两种。内混式指气流和药液在喷头内部碰撞混合，外混式指气流和药液在喷头外部混合。常用的东方红-18背负式机动喷雾喷粉机采用气力雾化方式，其药箱内药液在压力下以一定流量喷出，先与喷嘴叶片撞击后形成一次雾化，随后又在喷嘴处被喉管内高速气流吹开，形成小液膜，液膜与空气碰撞又破裂，二次雾化形成雾滴。因此其雾化参数（雾滴粒径、雾滴谱、雾滴初速度）主要受到药箱内气压和喉管气流速度影响，其中气流速度的影响尤其重要。

王志强等（2017）开展了基于气力雾化的风送式果园静电弥雾机的研究，气力雾化风送式果园静电弥雾机结合了气爆雾化、离心风机二次雾化和静电吸附防飘结合的喷雾技术，其中气力雾化系统借助空气压缩机产生的高压气体在喷头反应腔内进行气爆雾化，减小雾滴体积，增加均匀性，大大提升了机具的雾化效果，具体雾化参数如表7-5所示。

表7-5　气力雾化开启及关闭风机时雾滴粒径及跨度

风机状态	体积中径（VMD）/μm	数量中径（NMD）/μm	雾滴谱跨度
开启	72	60	0.83
关闭	110	80	0.73

郑捷庆等（2007）以雾滴粒径和雾滴谱作为考核指标，确定了最佳气耗率选取标准。研究发现在一定范围内气流量增加不仅有效降低雾滴粒径，而且使雾滴粒径分布趋于集中，雾滴谱收窄。达到临界点后，雾滴谱再次变宽，其原因是气流量增加提高了雾滴的运行速度，加剧了雾滴与空气的强剪切摩擦，导致部分雾滴吸热蒸发，出现大量"卫星"颗粒，从而增大了雾滴谱宽度。

有试验在改变气力喷头空气过流面积、吸液面与喷嘴间高度差和压力条件下测量了雾滴体积中径。用改进的BP算法人工神经网络对测得数据进行建模，仿真结果表明，在其余参数不变情况下，吸液高度对雾滴粒径的影响呈线性递增关系；吸液高度不变时，对于不同空气过流面积，都存在使雾滴粒径最小的压力值，且都存在在低压区雾滴粒径变化较小，高压区粒径变化较大的趋势；吸液高度不变时，不同空气过流面积都存在空气压力越高，雾滴粒径越小现象。

参考文献

陈宝昌，李存斌，王立军，等，2014. 雾滴运动影响因素分析 [J]. 农业与技术，34(5):190-191.

戴奋奋，袁会珠，2002. 植保机械与施药技术规范化 [M]. 北京：中国农业科学技术出版社：25-50.

何雄奎，2012. 高效施药技术与机具 [M]. 北京：中国农业大学出版社：476.

兰玉彬，张海艳，文晟，等，2018. 静电喷嘴雾化特性与沉积效果试验分析 [J]. 农业机械学报，49(4): 130-139.

吕晓兰，傅锡敏，宋坚利，等，2011. 喷雾技术参数对雾滴飘移特性的影响 [J]. 农业机械学报，42(1): 59-63.

宋坚利，刘亚佳，张京，等，2011. 扇形雾喷头雾滴飘失机理 [J]. 农业机械学报，42(6): 63-69.

宋小沫，奚溪，薛士东，等，2020. 喷雾助剂对农药雾滴蒸发特性影响研究 [J]. 高校化学工程学报，34(5): 1143-1150.

屠予钦，2001. 农药使用技术标准化 [M]. 北京：中盈标准出版社：163-169.

王双双，2015. 雾化过程与棉花冠层结构对雾滴沉积的影响 [D]. 北京：中国农业大学.

王潇楠，何雄奎，宋坚利，等，2015. 助剂类型及浓度对不同喷头雾滴飘移的影响 [J]. 农业工程学报，31(22): 49-55.

王志强，郝志强，刘凤之，等，2017. 气力雾化风送式果园静电弥雾机的研制与试验 [J]. 果树学报，34(9):1161-1169.

谢晨，2013. 农药雾滴雾化及在棉花叶片上的沉积特性研究 [D]. 北京：中国农业大学.

袁会珠，齐淑华，杨代斌，2000. 药液在作物叶片的流失点和最大稳定持留量研究 [J]. 农药学学报，2(4): 66-71.

袁会珠，2011. 农药使用技术指南 [M]. 北京：化学工业出版社：168-169.

袁会珠，王国宾，2015. 雾滴大小和覆盖密度与农药防治效果的关系 [J]. 植物保护

学报，6：48

张军，郑捷庆，2009.静电雾化中滴径分布及局部流量沿径向分布规律的试验 [J]. 农业工程学报，25(6):104-109.

张文君，2014.农药雾滴雾化与在玉米植株上的沉积特性研究 [D]. 北京：中国农业大学.

周召路，曹冲，曹立冬，等，2017.不同类型界面液滴蒸发特性与农药利用效果研究进展 [J].农药学学报,19(1): 9-17.

朱正阳，张慧春，郑加强，等，2018.风送转盘式生物农药离心雾化喷头的性能 [J]. 浙江农林大学学报,35(2): 361-366.

NUYTTENS D, BAETENS K, DE SCHAMPHELEIRE M, et al., 2007. Effect of nozzle type, size and pressure on spray droplet characteristics[J]. Biosystems Engineering, 97(3): 333-345.

NUYTTENS D, DE SCHAMPHELEIRE M, BAETENS K, et al., 2007. The influence of operator-controlled variables on spray drift from field crop sprayers[J]. Transactions of the ASABE, 50(4): 1129-1140.